# PERCEPÇÃO DO MEIO AMBIENTE E GEOGRAFIA

**Apoio**

Ageteo – Associação de Geografia Teorética

IGCE – Instituto de Geociências e Ciências Exatas

LÍVIA DE OLIVEIRA

# PERCEPÇÃO DO MEIO AMBIENTE E GEOGRAFIA

## ESTUDOS HUMANISTAS DO ESPAÇO, DA PAISAGEM E DO LUGAR

Eduardo Marandola Jr.
Tiago Vieira Cavalcante
(Orgs.)

GHUM
Grupo de Pesquisa Geografia Humanista Cultural

ASSOCIAÇÃO DE GEOGRAFIA TEORÉTICA

CULTURA ACADÊMICA
Editora

Direitos de publicação reservados à:
Fundação Editora da Unesp (FEU)
Praça da Sé, 108
01001-900 – São Paulo – SP
Tel.: (0xx11) 3242-7171
Fax: (0xx11) 3242-7172
www.editoraunesp.com.br
www.livrariaunesp.com.br
feu@editora.unesp.br

Dados Internacionais de Catalogação na Publicação (CIP)
Vagner Rodolfo CRB-8/9410

L784p

Oliveira, Lívia de
Percepção do meio ambiente e geografia: estudos humanistas do espaço, da paisagem e do lugar / Lívia de Oliveira; organizado por Eduardo Marandola Jr.; Tiago Vieira Cavalcante. São Paulo: Cultura Acadêmica, 2017.

ISBN 978-85-7983-893-4

1. Geografia. 2. Meio ambiente. 3. Geografia Humanista. 4. Epistemologia da Geografia. 5. Oliveira, Lívia de. I. Marandola Jr., Eduardo. II. Cavalcante, Tiago Vieira. III. Título.

2017-571 CDD: 910
CDU: 91

Índice para catálogo sistemático

1. Geografia 910
2. Geografia 91

Editora afiliada

Asociación de Editoriales Universitarias de América Latina y el Caribe

Associação Brasileira de Editoras Universitárias

# SUMÁRIO

## Parte III
## Paisagem e percepção geográfica

APRESENTAÇÃO

# UMA GEÓGRAFA ALÉM DE SEU TEMPO

Lívia de Oliveira faz 90 anos em 2017. Desses, mais de 60 são dedicados à geografia.

Chegar a essa idade orientando pós-graduandos e publicando, ávida de vida e olhando para o futuro, não para o passado, é privilégio para poucos. É necessária muita gana de vida e aquela inquietude que marca as mentes privilegiadas.

Formada em Geografia e História pela Universidade de São Paulo (USP), depois de já ser enfermeira graduada, Lívia foi um dos importantes nomes do curso de Geografia da Universidade Estadual Paulista (Unesp), em Rio Claro, participando daquela que seria uma das grandes escolas brasileiras. Oriunda da Didática, participou do movimento da Nova Geografia, ao menos em sua faceta mais epistemológica, e consagrou-se por suas contribuições ao Ensino e à Cartografia Escolar e à Percepção do Meio Ambiente, campos que ajudou a formar, lançando as bases daquilo que viria a ser conhecido como Geografia Humanista.

Em meados dos anos 1960 a Percepção do Meio Ambiente despontou, especialmente nos Estados Unidos, como uma abordagem interessada na diversidade das relações que o homem mantinha com seu entorno. Perspectiva que chamou a atenção de geógrafos, arquitetos, historiadores, educadores, psicólogos, entre outros tantos profissionais que tinham em comum o interesse pelas atitudes e valores das pessoas ante as mais diversas paisagens e lugares que compõem nosso planeta.

Época de crescente preocupação com os impactos das atividades do homem sobre o ambiente, em que a comunidade científica repensava os passos até então dados em direção a um progresso que mais parecia condenar do que amparar a humanidade. Momento de reconsiderar certos aspectos do mundo e da vida que antes haviam passado um tanto despercebidos: o visível, mas também o não visível, as materialidades e do mesmo modo as imaterialidades, os grupos e particularmente os sujeitos, e desses, os anseios, necessidades e sonhos.

No âmbito da Geografia, ciência caracterizada, na época, por um lado, como descritiva e de síntese, dedicada principalmente às formas do espaço geográfico e, por outro, como analítica e técnica, sob a égide do neopositivismo e da aplicação de métodos quantitativos, a Percepção do Meio Ambiente possibilitou um olhar renovado e um interesse crescente sobre antigos e novos temas: a cidade e o campo passam a ser entendidos a partir do cotidiano de seus moradores; a imagem da natureza é revelada por meio do olhar de poetas, músicos e pintores; os mapas são desenhados por aqueles que vivem o espaço estudado. Novas formas de imaginar, pensar e fazer geografia, calcadas nas experiências, tanto objetivas como subjetivas, que o ser humano possui de tudo aquilo que o envolve.

No Brasil, Lívia de Oliveira, sempre à frente de seu tempo, foi pioneira nos estudos de Percepção do Meio Ambiente, introduzindo novas cores e nuances à compreensão da relação inextricável existente entre o homem e a Terra. São suas as primeiras pesquisas e publicações sobre o tema, assim como as primeiras orientações de dissertações e teses que buscam compreender a percepção e cognição das pessoas acerca do urbano, do rural, do litoral, da serra e do sertão, revelando os diversos temas contemplados pelo seu olhar. Todos esses trabalhos estão permeados pelo pensamento do epistemólogo

Jean Piaget e pelo humanismo de Yi-Fu Tuan, o que se constitui também em uma marca importante da obra e da contribuição de Lívia à geografia: a introdução e difusão da perspectiva genética da psicologia de Piaget, e as concepções de espaço e lugar do humanismo de Tuan.

Neste livro estão reunidos textos publicados por Lívia no decorrer de sua carreira. São duas as motivações para organizarmos este volume. Em primeiro lugar, para homenagear os 90 anos dessa grande geógrafa paulista de Mairinque. Em segundo, reunir um conjunto representativo de suas contribuições, tanto pela ausência de obras longas que sistematizem seu pensamento quanto pela dispersão de seus textos em diferentes veículos (revistas e livros, além de textos inéditos), o que torna mais difícil obter uma visão de conjunto de sua obra. Na realidade, Lívia esteve sempre muito dedicada ao ensino e à orientação, resultando em um fato curioso: boa parte dos textos aqui reunidos foi publicada após sua aposentadoria, em 1993, ocasião a partir da qual ela pôde se ocupar da sistematização e publicação dos referenciais que orientaram toda sua carreira.

Assim, este volume ganha ainda um novo sentido: documentar uma geografia original, produzida, mas, sobretudo, posta em prática por seus tantos orientandos e que, um pouco deslocada no tempo (em alguns casos os textos veem à luz um pouco depois de seu período de maior efervescência), atua como verdadeiro testemunho intelectual que imprimiu uma marca na geografia brasileira.

Isso não faz destes textos meramente testemunhos históricos. Antes, eles nos permitem compreender de forma mais ampla os desdobramentos que os estudos de Percepção do Meio Ambiente produziram na geografia e como eles estão presentes na ciência geográfica contemporânea, especialmente na retomada da Geografia Humanista nos anos 2000, cujo papel de Lívia é central até hoje.[1]

---

1 Lívia é, junto com Werther Holzer (Universidade Federal Fluminense), líder do Grupo de Pesquisa Geografia Humanista Cultural (GHUM), formado

Em vista disso, reunimos textos que nos permitem conhecer os caminhos que percorreu e as veredas que desbravou, ao passo que apreendemos os terrenos que explorou e, assim, deparamos com sua história e sua geografia, entrelaçadas com a própria história da geografia brasileira. As três componentes do livro expressam essa rica trajetória, que inicia com a Didática da Geografia, passa pela Percepção do Meio Ambiente e culmina na Geografia Humanista, como podemos depreender de "Os caminhos percorridos até a geografia humanista",[2] texto que introduz a presente obra.

A Parte I, "Uma epistemologia geográfica", traz escritos que nos conduzem à maneira como Lívia pensa a teoria e o método em Geografia. Em "Que é Geografia",[3] são elaboradas reflexões sobre as características e o papel da ciência geográfica e do geógrafo. Em "Uma leitura geográfica da epistemologia do espaço segundo Piaget",[4] nos é apresentado o modo como o espaço geográfico pode ser trabalhado, tendo como base a epistemologia genética de Jean Piaget. E em "O humanismo na geografia: a contribuição brasileira",[5] a geografia humanista brasileira é discutida envolta pela nova razão que percorre o mundo, mais sensível às particularidades das pessoas. Trabalhos que desvelam uma epistemologia e apontam para uma ontologia, discorrendo sobre os pressupostos da geografia sem olvidarem do homem, seu elemento fundamental.

---

em 2008, um dos grupos que têm atuado na retomada da Geografia Humanista no Brasil.

2 Texto da palestra apresentada no 7º Seminário Nacional de Geografia e Fenomenologia, Limeira (SP), em outubro de 2016.

3 Publicado na Revista *Sociedade & Natureza*, Uberlândia, v.11, n.21-22, p.89-95, jan./dez. 1999.

4 Publicado originalmente em Vitte, A. C. (Org.) *Contribuições à história e à epistemologia da Geografia*. Rio de Janeiro: Bertrand Brasil, 2007. p.163-88.

5 Texto da conferência de abertura realizada no I Colóquio Brasileiro de História do Pensamento Geográfico, Uberlândia, Minas Gerais, em abril de 2008.

A Parte II, "Cognição e percepção do meio ambiente", é composta por escritos que apresentam todo um conjunto de pesquisas e discussões realizadas no âmbito da Percepção do Meio Ambiente. O primeiro texto, intitulado "Panorama dos estudos de geografia e percepção do meio ambiente", é resultado da articulação de partes de dois artigos publicados na *Revista Olam – Ciência e Tecnologia*[6] e apresenta um panorama dos estudos sobre o assunto realizados em nosso país e no exterior. Em "Contribuição dos estudos cognitivos à percepção geográfica",[7] um dos primeiros trabalhos a respeito do tema publicados no Brasil, Lívia discorre sobre as várias teorias que tentam explicar o fenômeno da percepção e marca o caminho que segue na análise da vida cotidiana das pessoas, a partir da percepção e cognição do espaço segundo a teoria de Piaget. No último texto dessa parte, de nome "Percepção ambiental",[8] as noções básicas de percepção e cognição são aprofundadas, adentrando questões referentes ao urbano, ao rural e às regiões selvagens. Com esses textos temos um arcabouço abrangente do que foi feito e pensado sobre a Percepção do Meio Ambiente.

Arcabouço que pode ser ilustrado pelos textos da Parte III do livro, "Paisagem e percepção geográfica". Neles conhecemos os três referenciais teóricos que conduzem a geografia de Lívia em "Percepção da paisagem geográfica: Piaget, Gibson e Tuan";[9] temos uma reflexão quanto à paisagem da cidade e sua fragmentação, inspirada nos pilares da percepção com "Percepção da paisagem urbana";[10] e, por fim, podemos ler,

---

6 Artigos publicados na *Revista Olam – Ciência e Tecnologia*, Rio Claro: "Percepção do meio ambiente e geografia", v.1, n.2, p.14-28, nov. 2001; "Os estudos de percepção do meio ambiente no Brasil", v.4, n.1, p.22-26, abr. 2004.

7 Pulicado na Revista *Geografia*, Rio Claro, v.2, n.3, p.61-72, abr. 1977.

8 Publicado originalmente em Santos, D. G. dos; Nucci, J. C. (Org.) *Paisagens geográficas*: um tributo a Felisberto Cavalheiro. Campo Mourão: Editora da Fecilcam, 2009, p.152-62, e posteriormente publicado na Revista *Geografia e Pesquisa*, Ourinhos, v.6, n.2, p.56-72, jul./dez. 2012.

9 Publicado na Revista *Geografia*, Rio Claro, v.25, n.2, p.5-22, ago. 2000.

10 Texto da palestra apresentada no I Encontro de Percepção e Paisagem da Cidade, Bauru (SP), em maio de 2006.

em "Como educar sobre os direitos da paisagem",[11] a respeito das atitudes que temos de tomar em relação à conservação e preservação das paisagens, ações que passam pela educação, mais especificamente pela importância da educação ambiental. Esses últimos trabalhos demonstram que a Percepção do Meio Ambiente, além de uma abordagem científica preocupada em entender a natureza da realidade geográfica, é uma perspectiva ética que evidencia as múltiplas formas de habitar o mundo.

Os textos aqui reunidos, portanto, plenos de humanismo, cuidado e afeto, são o testemunho de uma geógrafa (e)ternamente apaixonada por sua ciência e de uma geografia que pode ser entendida como o estudo da Terra como lar das pessoas.

Aqui os textos se tornam livro, e assim acreditamos ter reunido elementos fundamentais para o conhecimento desse importante capítulo da Geografia brasileira. Não se trata apenas de temas de interesse, mas da construção de uma proposta de pensar e fazer geografia. É impressionante a vitalidade de seu pensamento e sua capacidade de continuar em busca de novos elementos e de novas formas de compreender seu próprio trabalho e a geografia, mesmo já em sua fase madura.

Assumimos, por isso, um grande risco ao publicar esta obra: o de Lívia nos surpreender de novo, e quem sabe introduzir, sem nos avisar, novos capítulos dessa longa, linda e inspiradora trajetória de uma verdadeira professora e intelectual, uma geógrafa além de seu tempo.

* * *

Este livro é uma obra coletiva. Além da generosidade de Lívia e sua colaboração para a composição do presente volume, agradecemos aos membros do Grupo de Pesquisa

11 Texto apresentado no 3º Encontro Interdisciplinar sobre o Estudo da Paisagem, Rio Claro (SP), em maio de 1998, e publicado em Oliveira, L. de.; Machado, L. M. C. P. (Org.) *Cadernos Paisagem, Paisagens*. Rio Claro: Unesp, 1998, p.53-9.

Geografia Humanista Cultural (GHUM), sobretudo na figura de seu coordenador, professor Werther Holzer, da Universidade Federal Fluminense (UFF), e ao Instituto de Geociências e Ciências Exatas (IGCE) da Unesp, em especial ao seu diretor, professor José Alexandre de Jesus Perinotto, pelo apoio e aporte financeiro, assim como à Associação de Geografia Teorética (Ageteo), na pessoa da professora Lúcia Helena de Oliveira Gerardi (Unesp), pelo apoio e apresentação de nossa proposta à Editora da Unesp, a quem igualmente agradecemos por acolher esta proposta editorial.

Por fim, agradecemos aos editores das revistas e aos organizadores e editores dos livros onde foram publicados originalmente os textos e os fragmentos de textos aqui reunidos, pelo apoio a este projeto para que pudéssemos, em conjunto, realizar esta homenagem à grande geógrafa e professora Lívia de Oliveira.

*Eduardo Marandola Jr.*
*Tiago Vieira Cavalcante*

Lívia de Oliveira, professora emérita do Instituto de Geociências e Ciências Exatas da Universidade Estadual Paulista "Júlio de Mesquita Filho" (Unesp), *campus* de Rio Claro. Fotografada em seu apartamento no ano de 2011, por Daniela Toviansky

INTRODUÇÃO

# OS CAMINHOS PERCORRIDOS ATÉ A GEOGRAFIA HUMANISTA

*Se quiser ir rápido, vá sozinho.*
*Se quiser ir longe, vá acompanhado.*

(Provérbio africano)

Como bem indica o provérbio, iniciei minhas leituras e pesquisas em didática da Geografia praticamente sozinha. Caminhei rapidamente. Porém, logo na primeira curva do caminho, senti a solidão. Não encontrei muitas respostas. Assaltou-me a necessidade de estar acompanhada nesta longa empreitada que encetara.

A companheira que encontrei disposta a ajudar-me foi a biblioteca, com suas prateleiras cheias de livros e revistas. Mergulhei nesse mundo sem fim. Defrontei-me com publicações atuais que não conhecia; com autores completamente novos, propondo novas ideias. Procurei ler em português, inglês, francês, espanhol e italiano. Eram as línguas que eu era capaz de ler e interpretar. Eram textos que poderiam iluminar meu caminho na busca do saber científico. Meu universo geográfico estava ali, diante de mim, como se estivesse à minha espera para me acompanhar desde sempre. Encontrei uma literatura farta, não só sobre Geografia, mas também sobre Educação e Filosofia. Devorei letras, palavras, frases, formas e conteúdos.

Aos poucos, e sofregamente, fui organizando as leituras, fichando livros e artigos, descobrindo mais e mais conhecimento. Enfim, fui descortinando o mundo da ciência, da arte, da sabedoria. Bebi dessa fonte inesgotável. Traguei tudo que estava ao meu alcance. Comprei livros, pedia-os emprestados.

Fiz uma parada para fazer um balanço sobre meu conhecimento geográfico, para ordenar minhas reflexões. Então surgiu a pergunta: o que eu sabia sobre geografia? Como conceituava geografia naquela longínqua década de 60 do século passado? Na graduação tinha cursado várias disciplinas geográficas. Mas como costurar aquele tapete, como unir aquelas peças de um mosaico? Após tantas leituras, tantas trocas de ideias: que era geografia para mim? Em minha tese de doutorado ousei afirmar:

> A Geografia, ao estudar a realidade em seu conjunto, é a ciência natural que estuda o homem e a ciência humana que estuda a natureza. Isto traz implicações na formação dos alunos, porque a Geografia servirá de ponte, de liame entre as ciências naturais e humanas. (Oliveira, 1967, p.12)

Escrevia também que "a ciência geográfica aguardava, apenas estudiosos interessados em observar e principalmente relacionar os fatos ocorridos na superfície terrestre" (ibidem, p.5). Assim podíamos asseverar que os pais da geografia moderna foram filósofos com conhecimentos de ciências naturais e sociais: a figura ímpar de Alexander von Humboldt (naturalista), que percorreu continentes, recolhendo dados da natureza, relacionando-os e dando explicações científicas sobre as observações obtidas diretamente no campo; e o vulto sem igual de Karl Ritter (humanista) completa a obra do outro – como historiador e teórico, construiu as bases filosóficas da Geografia Moderna.

Nossa *Contribuição ao ensino da Geografia*, em 1967 (Oliveira, 1967), constituía-se em minha tese de doutorado. Posso afirmar, sem dúvida, que foi a primeira pesquisa com bases científicas empregando análise estatística dos dados obtidos. Foi um "levantamento da situação do ensino da Geografia em escolas de grau médio". Foram subsídios para avaliar as relações entre os alunos e a disciplina geográfica, incluindo a escola e os professores. Assim sendo:

> Nosso objetivo foi realizar um levantamento da situação da Geografia como matéria de ensino em escolas de grau médio, tendo em vista a verificação do seu "*status*" entre as diversas outras matérias curriculares e verificar a opinião dos alunos sobre o ensino desta mesma disciplina. (Oliveira, 1967, p.26)

Os questionários foram aplicados em quatro escolas das cidades de Santos, de Rio Claro, de Americana, e uma do Guarujá e outra de Brotas. Nossas sugestões se prenderam a várias proposições. Quanto ao ensino: prever aulas práticas, leituras e interpretações de mapas e cartas, levantamentos bibliográficos, trabalhos de campo e excursões, dentre outras atividades. Quanto ao professor: não se ater ao livro didático unicamente, procurar se atualizar sobre os avanços da ciência, da didática e dos recursos audiovisuais. Lembramos as sábias palavras de Highet (1954), que já se referia

> [...] ao professor como a ponte que liga a escola ao mundo e salienta que o mestre precisa conhecer bem a sua disciplina, atualizando-se continuamente, necessita gostar e acreditar naquilo que ensina e, principalmente, deve estimar os alunos e procurar conhecer o adolescente que é a sua matéria-prima de trabalho. (ibidem, p.65)

Como decorrência de meu interesse e preocupação com a educação geográfica iniciei, no ano 1985, em Rio Claro, o Primeiro Encontro Nacional de Prática de Ensino da Geografia.

Considerava que o campo da didática exigia pesquisas educacionais científicas. Além disso, os professores de Didática de Geografia necessitavam de um fórum para trocas de ideias e de experiências.

Ampliando e aprofundando minhas buscas, cheguei até o espaço geográfico. Dessa preocupação atingi, quase naturalmente, a percepção do espaço. Percorri o caminho, acompanhando os meandros da percepção, apoiando-me nas proposições e investigações do Grupo de Genebra. Jean Piaget foi o farol que despontou no horizonte científico, psicológico, pedagógico e epistemológico. Lancei-me em sua direção. Sorvi livros e tomos. Bebi vorazmente dessa fonte inesgotável. Obtive respostas a inúmeras indagações e dúvidas, que me acorriam durante a caminhada, na estrada iluminada em direção da didática da geografia. Para trabalhar com esse saber, voltei-me primeiramente à Geografia enquanto ciência, porém tendo sempre presente a didática dessa disciplina.

Dentre os inúmeros caminhos que me surgiram, procurei seguir aquele mais seguro, mais fecundo e, por que não dizer, o mais filosófico. Preocupada com o conhecimento científico da geografia, deparei com a teoria do conhecimento (Hessen, 1956). Com seu conteúdo epistemológico (Wooldridge, 1956; Hartshorne, 1962) e com sua forma metodológica (Grau, 1965). Na Didática segui os passos psicológicos de Aebli (1958), enquanto na Didática da Geografia acompanhei as proposições da Unesco (1965) e de Tulipe (1954).

Desse ponto de vista, minha abordagem geográfica não era simplesmente dicotômica, mas considerava a geografia como um conhecimento uno e singular do espaço. As geografias física e humana seriam as duas faces de uma mesma moeda. Assim minhas reflexões me revelaram a geografia como um todo, porém divisível em múltiplas especialidades.

Os livros, os artigos, os escritores continuaram meus amigos, me acompanhando todos esses anos. Permitiram-me ir longe em minha vida intelectual. Outras companheiras de jornada foram as participações em congressos nacionais e internacionais e as comunicações de trabalhos, integrando mesas-redondas, proferindo palestras e conferências, ministrando cursos por este Brasil afora. Fiquei conhecida e conheci outros centros universitários. Quase todo mês estava percorrendo os corredores do aeroporto de Congonhas para atender aos inúmeros convites que chegavam até meu gabinete de docente. Foram anos profícuos. Foram anos de aprimoramento. Em consideração às minhas pesquisas e participações em Simpósios de Educação Geográfica, da União Geográfica Internacional (UGI), recebi uma placa *In Recognition*, em 1988.

## PELAS SENDAS DO PENSAMENTO E DA EPISTEMOLOGIA

> *O pensamento humano compreende* forma *e* conteúdo, *podendo se referir a um número infinito de conteúdos (matérias), mas se expressa em formas relativamente pouco numerosas; não sendo possível forma sem conteúdo, nem conteúdo sem forma.*
>
> (Lívia de Oliveira, 2006, p.183)

Os conteúdos e as formas do pensamento se completam e se ajustam. O conteúdo (a matéria) é sobre o que se pensa, enquanto a forma é no que o pensamento se converte como nossa propriedade intelectual. Aqui estou preocupada com o pensamento científico, pois suas finalidades principais são: investigar metodologicamente seus objetivos e basear os resultados da investigação de maneira suficiente em suas conexões.

As formas do pensamento científico são duas: dedução e indução. Aquela é a operação mental (inferência, argumento ou raciocínio), indo dos princípios para uma consequência, logicamente necessária. Enquanto esta é a operação mental que parte dos fatos, de um certo número de observações ou experiências, atingindo uma proposição geral, a lei. Dedução e indução não se opõem; são direções da reflexão filosófica, implicando que todo o pensar comporta esse duplo movimento. Os procedimentos da investigação científica são calcados em conceitos e juízos anteriores, submetidos à reflexão crítica, partindo sempre de uma ordenação sistemática dos objetos; os do pensamento é que permanecem constantes. Os procedimentos partem da análise ou da síntese, completando-se. O pensamento formal é que caracteriza a inteligência humana, revelando com o raciocínio hipotético-dedutivo, agindo sobre um material simbólico e sobre os sistemas de signos convencionais. É a representação de uma representação, de ações possíveis.

Minha busca encontrou na proposta de Jean Piaget esteio e fundamento. Mais do que isso, uma verdadeira epistemologia. Esta, enquanto teoria (do conhecimento), é uma explicação das relações que se estabelecem entre sujeito e objeto. Essa relação é uma correlação, porque o sujeito só é sujeito para um objeto, e o objeto só é objeto para um sujeito, não sendo uma correlação reversível. A função do sujeito consiste em apreender o objeto, enquanto a do objeto é ser apreendido pelo sujeito. Convém notar que o conhecimento humano compreende três elementos: sujeito (esfera psicológica), objeto (esfera ontológica) e imagem (esfera lógica). A imagem do objeto no sujeito é uma entidade lógica. Aliás, a teoria do conhecimento científico lida com as três esferas em conjunto. Daí não ser do interesse apenas da psicologia ou da ontologia ou então da lógica, mas dessas três ciências, tornando-se assim uma filosofia da ciência. Essas colocações estão calcadas em Hessen (1987).

Desse modo, fui tomando outros atalhos, abrindo novas picadas. Do conhecimento epistemológico e lógico, desemboquei na corrente psicológica, deparando com a Representação e a Percepção.

## PELAS TRILHAS DA REPRESENTAÇÃO E DA PERCEPÇÃO

> *A percepção é o conhecimento dos objetos resultantes de um contato direto com eles. A representação consiste, ao contrário – seja ao evocar o objeto em sua ausência, seja quando duplica a percepção em sua presença –, em completar seu conhecimento perceptivo.*
>
> (Piaget; Inhelder. 1993, p.32)

O caminho pela frente se bifurcava, deparando com duas direções. Acabei entrando resolutamente pelo mundo da representação. Só mais tarde é que percorri as trilhas da percepção. A escolha da primeira foi a preocupação com a leitura, interpretação e construção de mapas pelos alunos. A da segunda, porque passava pela percepção espacial.

Continuaram sendo meus companheiros os livros, as revistas, as trocas de ideias com colegas e principalmente o preparo e a ministração de disciplinas. O contato direto com meus alunos durante as aulas foi de grande valia. Eles se portavam como o contraponto de minhas reflexões.

A trilha da representação, para mim, surgiu acoplada ao espaço. Meu interesse no momento era a representação espacial. Ora, o espaço representativo procede a uma construção progressiva de relações espaciais em dois planos bem distintos: perceptivo ou sensório-motor e representativo ou intelectual. Aqui estava diante de mim a questão precípua de minha preocupação – o mapa (representação geográfica).

> Os mapas constituem, sem dúvida, um dos mais valiosos recursos do professor de Geografia. Eles ocupam um lugar definido na educação geográfica de crianças e adolescentes, integrando as atividades, áreas de estudos ou disciplinas, porque atendem a uma variedade de propósitos e são usados em quase todas as disciplinas escolares. Mas é somente o professor de

> Geografia que tem formação básica para propiciar as condições didáticas para o aluno manipular o mapa. Como parte inerente de todos os programas de Geografia, qualquer que seja o assunto tratado ou a série considerada, o mapa ocupa um lugar de destaque.
>
> Quando fazemos uma revisão da literatura sobre didática da Geografia, verificamos que quase todas as obras incluem um capítulo sobre mapas e globos. As revistas educacionais, especialmente as dirigidas ao campo do ensino da Geografia, publicam continuamente resultados de pesquisas dedicadas ao problema dos mapas; esta constatação evidencia o interesse didático da questão.
>
> De um modo geral, os artigos que tratam dos mapas, no setor educacional, voltam-se mais para as finalidades e usos dos mesmos pelos professores e pelas crianças em situações escolares. Os mapas considerados nestes estudos são os mapas do adulto, isto é, são os mapas usados pelo geógrafo. Sobre os mapas da criança, a bibliografia é nitidamente escassa, senão inexistente. (Oliveira, 1978, p.39)

Em minha tese de livre-docência *Estudo metodológico e cognitivo do mapa*, eu já assinalava que:

> O mapa é definido, em educação, como um recurso visual a que o professor deve recorrer para ensinar Geografia e que o aluno deve manipular para aprender os fenômenos geográficos; ele não é concebido como um meio de comunicação, nem como uma linguagem que permite ao aluno expressar espacialmente um conjunto de fatos; não é apresentado ao aluno com uma solução alternativa de representação espacial de variáveis que possam ser manipulados na tomada de decisões e na resolução de problemas.
>
> [...]
>
> Para que o mapa seja encarado como representação espacial, torna-se necessário realizar investigações sobre como as crianças constroem seus mapas. Em outras palavras, é preciso pesquisar os

mecanismos cognitivos e perceptivos aos quais a criança recorre para mapear o seu espaço, estudar o desenvolvimento intelectual em termos de mapeamento e observar as condutas das crianças colocadas em atividades de mapeamento. Podemos perguntar: mapear resulta simplesmente da atividade perceptiva ou também da sensório-motora? Ou, mais ainda, de uma atividade operatória? Apesar de ser um campo fecundo, os mapas da criança ainda permanecem quase inexplorados e à espera de investigações que tragam esclarecimentos sobre o assunto, tanto para psicólogos como para educadores, e principalmente para os professores. (Oliveira, 1977b, p.39)

Minhas conclusões, dentre várias, foram:

1 – Desde o início deste estudo sentimos ao mesmo tempo a falta e a necessidade de uma metodologia do mapa. O mapa não atingirá plenamente as suas finalidades e dificilmente será usado em toda sua extensão, a não ser que antes se responda à questão de como se processa o mapa. Em outras palavras, trata-se de descobrir o melhor caminho para se chegar até o mapa, e também quais os meios mais adequados para a criança percorrer esse caminho. No caso do processo da alfabetização da leitura e da escrita da língua pátria, dispomos de uma metodologia; assim, também necessitamos de uma metodologia específica que oriente os professores na leitura e escrita do mapa.

2 – O desenvolvimento e a organização de uma cartografia infantil aparecem como uma decorrência natural de uma metodologia do mapa.

Do mesmo modo que escritores, linguistas, educadores e outros profissionais se preocupam com uma literatura infantil, que sirva para iniciar a criança na literatura, também muitos matemáticos famosos, como Tourasse, Dienes, Papert e outros têm-se dedicado a criar uma matemática infantil, que permita a introdução da criança no mundo da numeracia. Concluímos, portanto, por uma cartografia infantil, na qual os mapas prendam a atenção da criança e atendam às suas necessidades de representações espaciais. Os mapas devem ser confeccionados por adultos e dirigidos não para os adultos, mas para as crianças. Em outras palavras, ninguém espera que uma criança seja iniciada no processo da leitura e escrita da língua portuguesa por meio do conteúdo e da forma de *Grandes Sertões: Veredas*, de João Guimarães Rosa. Muito menos alguém aceitaria que uma criança começasse seus estudos de Matemática mediante a demonstração de teoremas e postulados de Thom. Por isso perguntamos: por que iniciar a criança no mundo da linguagem gráfica com mapas que implicam projeções, escalas e generalização altamente abstratas?

A cartografia infantil é um campo de estudos que está à espera do interesse e da dedicação de geógrafos, cartógrafos, educadores e professores, para ser desenvolvido. O estudo da Cartografia deve ser precedido pelo estudo de uma cartografia infantil, na qual a criança tenha oportunidade de desenvolver atividades preparatórias, para em seguida realizar concretamente as operações mentais de redução, rotação e generalização, que são propriedades fundamentais do processo de mapeamento.

Para que o desenvolvimento de uma cartografia infantil seja eficaz, é preciso considerar o mapa como um entre os vários tipos de linguagem de que os homens dispõem para se comunicarem e se expressarem.

3 – O aproveitamento do mapa como uma linguagem gráfica para comunicação e expressão espacial de informações geográficas está intrinsecamente ligado aos aspectos metodológicos e cognitivos do mapa e, consequentemente, à cartografia infantil.

Dentro de perspectiva ecológica contemporânea de conservar e explorar racionalmente os recursos naturais e humanos do planeta, o mapa assume um papel relevante; para atender a esta necessidade premente de conhecer a Terra, para melhor cuidar dela, a representação cartográfica contribui com uma parte considerável.

4 – A utilização do mapa aparece, portanto, como um dos meios de que o professor pode lançar mão para enriquecer a vida intelectual dos alunos.

> A representação espacial da superfície da Terra, em sua totalidade ou em suas partes, constitui uma atividade mental que conduz ao conhecimento deste planeta que habitamos e do qual dependemos para sobreviver, e que teremos de habitar ainda por um longo tempo. Por que, então, não começar desde já a dar às crianças os meios para "cativar" esta Terra mediante o conhecimento de um dos seus "retratos" que é o mapa? (ibidem, p.98-99)

Como consequência do caminho percorrido pelas tramas da representação geográfica, resultou, após 25 anos, um fruto muito caro para mim – os Colóquios de Cartografia Escolar que acontecem desde 1995.

Fui homenageada pela Sociedade de Cartografia, Geodésia, Fotometria e Sensoriamento Remoto, com a criação do Prêmio Lívia de Oliveira, Cartografia para Crianças, em 2009. Da Sociedade Brasileira de Cartografia (SBC) recebi a Ordem do Mérito Cartográfico, o grau de comendadora, em 2011.

O caminho até aqui percorrido tem sido longo e sinuoso. Tomei vários atalhos. Voltei várias vezes à estrada principal. Porém, todo o tempo e por onde passei fui distribuindo conhecimentos geográficos. Fui semeando saberes e fazeres. Despertando amores e viveres. Sempre em frente, tendo como companheira a geografia. Até que enveredei pela percepção.

Sentir e perceber. Sensação e percepção não são consideradas funções distintas. Nosso contato com o mundo exterior se dá por meio dos nossos sentidos sensoriais, de maneira seletiva e instantânea, propiciado pela sensação. Essa é variável de acordo com o aparelho sensorial que estamos usando. A realidade "entra" em nosso mundo interior mediante a visão, a audição, o olfato, o paladar e o tato – sinestesia. Cada órgão desempenha sua atividade correspondente, agindo concomitantemente. Na prática é difícil separá-los. Convém lembrar: o que penetra pelos sentidos são os estímulos sensoriais. As sensações, necessariamente, passam pelos filtros culturais e individuais para se tornarem percepções. A percepção se dá no córtex cerebral, em um determinado momento correspondendo à sensação. Os filtros culturais e individuais são produtos do interesse, da necessidade e da motivação. São tão importantes em nossa percepção que muitas vezes determinam as tomadas de decisões e nos conduzem às tomadas de consciência.

Concordo com as proposições de Jean Piaget de que a percepção é uma construção empírica que progride por etapas, que jamais se apresenta como uma "leitura da experiência". A inteligência constitui um sistema de ações e operações que são agrupadas em estruturas sucessivas de acordo com um processo e um ritmo genético regido pelas leis de equilíbrio. A função intelectual, em seu aspecto dinâmico, é também caracterizada pelos processos invariantes de assimilação e acomodação. Essas duas compreendem um modo de organização que constituem a cognição. A apreensão da realidade sempre envolve múltiplas inter-relações entre ações cognitivas, entre conceitos e a compreensão que essas ações expressam. Enquanto conhecer consiste em construir ou reconstruir o objeto do conhecimento para poder apreender o mecanismo de sua construção, a imagem mental será considerada uma imitação interiorizada, não sendo uma cópia do objeto, mas um correlato.

Entre a percepção e a inteligência, Piaget reconhece atividades mentais intermediárias e define essa atividade perceptiva como um processo que supõe deslocamentos dos órgãos sensoriais no espaço, comparações no tempo, transposições, antecipações, enfim explorações. Essa atividade perceptiva se interpõe entre a percepção e a inteligência como um *continuum* em ambas as direções. Está intimamente vinculada à atividade cognitiva, pois é esta que engendra aquela e a resposta do indivíduo se apresenta como resultado da equilibração entre suas estruturas internas (biológicas e mentais) e as externas (ambientais, culturais, sociais, econômicas). Lembramos que a conduta humana é tão complexa que não pode ser reduzida a simples termos convencionais, pois o sistema humano é alimentado por um tipo de energia tremendamente dinâmico, seguindo ritmos e regulações muito sofisticados que é a afetividade. Essas colocações sobre percepção estão calcadas em meu trabalho "Percepção ambiental" (Oliveira, 2009, p.149-54).

## PELAS CARREIRAS DA PERCEPÇÃO AMBIENTAL

> *Para que a percepção ambiental ocupe um lugar de destaque dentre as prioridades atuais, necessitamos de mais pesquisas e de estudos metodológicos. Precisamos desenvolver uma tomada de consciência ambiental ao desenvolver uma atitude ética e afetiva em relação ao meio ambiente.*
>
> (Oliveira, 2009, p.160).

Nossas atitudes para com o meio ambiente são ambivalentes, gerando conflito entre o avanço das frentes pioneiras e o turismo e a preservação e a conservação das regiões selvagens. Sabe-se que, quando a população mundial era relativamente pequena, a intervenção humana não era significativa. A conduta muda quando atingimos bilhões de habitantes e dispomos de técnicas sofisticadas, rápidas e eficazes para explorar e devastar o meio ambiente natural.

Apesar de os ecossistemas se distinguirem das comunidades humanas, ambos são dependentes das condições ambientais. Em escalas variadas, a presença humana é sempre um fator preponderante nas relações sistêmicas com o meio ambiente. Esses fenômenos naturais, entretanto, ainda desempenham papel decisivo em situações globais ou locais, como nos casos de tsunamis, ciclones, terremotos, avalanches, estiagens prolongadas, enchentes ou calores intensos. Nessas situações, estamos sujeitos às fúrias da natureza.

A percepção do meio foi um campo fértil e agradável de pesquisa, ensino e orientação. Foram defendidas várias teses e dissertações sobre "percepção, atitudes e valores", sobre paisagens, cidades, parques, lugares.

## PELAS ESTRADAS DA PAISAGEM

> *A paisagem não é um círculo fechado, mas um desdobramento.*
>
> (Dardel, 2011, p.31)

A Geografia, na década de 1960, ainda estudava a paisagem mediante a descrição do que era observado. Descreviam-se os componentes como se fossem estáticos. O observador se colocava de fora da paisagem. Havia um preconceito com esse tipo de descrição geográfica, pois o geógrafo se colocava na posição de observador. Olhava exteriormente.

Porém, já nas décadas de 1970 e 1980, como fruto dos movimentos renovadores da ciência geográfica, a noção de paisagem se "desdobra" em multissentidos. Torna-se um conceito polissêmico. O olhar geográfico se aprofundou, tornando-se "mais que uma justaposição de detalhes pitorescos, a paisagem é um conjunto, uma consequência, um momento vivido, uma ligação interna, uma impressão que une todos os elementos" (Dardel, 2011, p.30). O observador foi colocado dentro da paisagem, integrando-se a ela. Parte inerente e agente.

A paisagem assume a posição de categoria relevante e passa a ser considerada uma das essências da própria Geografia. Ainda é Dardel (2011, p.31) que aponta:

> A paisagem se unifica em torno de uma tonalidade afetiva dominante, perfeitamente válida ainda que refratária a toda redução puramente científica. Ela coloca em questão a totalidade do

> ser humano, suas ligações existenciais com a Terra ou, se preferirmos, sua geograficidade original: a Terra como lugar, base e meio de realização.

Com essas palavras, o mestre Dardel coloca a paisagem em um contexto de destaque e de importância dentro das preocupações epistemológicas e ontológicas de nossa ciência de estudo. A paisagem, não sendo um círculo fechado, é na realidade um desdobramento de nossa visão de mundo. Contudo, até essa altura de meu caminhar geográfico, ainda não encontrara a explicação fenomenológica para a paisagem e mesmo para a geografia.

A paisagem é uma testemunha da presença humana. O passado revelado na paisagem. Ela contém uma fisionomia, um olhar, uma escrita, como uma explicação de uma lembrança.

Fui entrando nos segredos da paisagem. Tornei-me um elemento e não mais uma simples observadora. A paisagem se transformou em valorização, atitude, experiência, memória e percepção. A paisagem se humanizou, lugarizou-se, transfigurando-se em geografia humanista.

Percorri as estradas da paisagem com meus orientandos, descobrindo pormenores antes não encontrados. Ampliei meu conceito de paisagem com as leituras de Tuan, Dardel, Relph, Holzer, Marandola Jr. e Gratão. Por causa da paisagem passei a integrar o Grupo de Pesquisa Geografia Humanista e Cultural (GHUM).

## PELAS VEREDAS DA GEOGRAFIA HUMANISTA

> *A Geografia Humanista é, assim, a principal forma de manifestação do Humanismo em Geografia.*
>
> (Marandola Jr., 2005, p.407)

Pelas mãos seguras e científicas dos geógrafos humanistas, enveredei por outras sendas, fazendo trilhas, seguindo os carreiros, viajando por estradas e me encontrei com as veredas da Geografia Humanista. Foi um longo e árduo, mas agradável e satisfatório caminhar. Embora tenha penetrado em muitos atalhos, dobrado muitas curvas e recurvas, atingi meu ponto culminante. Agora estou aqui. Mergulhada na geograficidade e na historicidade de minha longa e aprazível caminhada. Cheguei aonde sonhava, pois há tantos anos procurando meu caminho. Meu chegar corresponde ao "ponto de mutação". Encontrei a Geografia que nessas décadas procurava. Encontrei meu aconchego acadêmico. Sinto-me à vontade com meus colegas, meus alunos, meus livros e meus escritos. Sinto-me em "casa".

O Grupo de Pesquisa Geografia Humanista Cultural (GHUM), do qual fui fundadora com Werther Holzer, tem me proporcionado a oportunidade de trocar ideias, de ampliar minhas leituras e minhas escritas e sobretudo de me enriquecer geograficamente.

Dentro desta visão geográfica, vasta e horizontal, invadi os espaços e os tempos recônditos cheios de beleza e de encanto à procura de uma geografia literária. Por meio de ensaios publicados e de orientandos, percorri os caminhos da literatura com as cores geográficas. Encontrei-me com os "grandes sertões veredas", dissertando sobre o "Sertão rosiano: percepção, cognição e afetividade geográfica" no II Seminário Internacional Guimarães Rosa, em 2002, em Belo Horizonte. Foi minha glória, descortinando as imensidões sem fim das chapadas e descansando à sombra dos buritis (Oliveira, 2002). Em outra oportunidade poética, teci apreciações sobre "O duende de Granada: visão telúrica e geográfica do lirismo dramático de Garcia Lorca", em publicação de 2010, no livro *Geografia e Literatura* (Oliveira, 2010). Federico, poeta e dramaturgo, expressou em versos e cantos dramáticos a sua amada Espanha. Quem, ainda, não reconhece essas baladas? "*Verde que te quiero verde / Verde vento. Verdes ramas*"? (apud Oliveira, 2010).

Dentre as minhas orientandas, Solange Guimarães se destacou, aliás foi a primeira a tecer filigranas sobre Guimarães Rosa, com sua dissertação emblemática *A percepção geográfica da paisagem dos Gerais no* Grande Sertão: Veredas (Lima, 1990). Depois foi o doutorado de Vernaide, poetisa que deslindou "o vai e volta do príncipe do sangue", percorrendo os sertões e castelos de *A Pedra do Reino*, do armorialista Ariano Suassuna (Wanderley, 1997). Janaina me brindou com imagens poéticas em *Caminhos de morte e de vida: o rio severino de João Cabral de Melo Neto* (Marandola, 2007). E mais recentemente Tiago trouxe o sertão e as belezas do Ceará, pela *Geografia literária em Rachel de Queiroz* (Cavalcante, 2016). Quero ainda registrar *A região do médio Tietê e os primeiros acordes paulistas: o Cururu* (Pazetti, 2014), pelas cordas maviosas de Henrique, meu caipira querido. Não posso deixar de mencionar o mundo musical que Thiago me deleitou sobre *O lugar-samba no Bixiga: memória e identidade, com o repique da Vai-Vai* (Gonçalves, 2014). Também quero destacar a tese de Jaqueline, tão geográfica, tão humana, de uma lindeza ímpar com *Na beleza do lugar o rio das Contas indo... ao mar* (Chiapetti, 2009). Não posso me esquecer de Ivan com seu doutorado memorável, simbólico e geográfico sobre *Pateo do Collegio: um lugar na cidade de São Paulo* (Fortunato, 2014).

Finalmente, nesta prodigiosa Geografia Humanista, atingi o clímax com o SABOR. Estou me deliciando em pesquisar, ler, escrever sobre esse sentido gustativo de que todos nós gostamos. Esse mundo do paladar é tão vasto e tão prazeroso que vou permanecer aqui, os meus últimos anos de trabalho.

Atentando apenas à *Geografia do queijo minas artesanal* (Netto, 2011), do Marcos, companheiro de paladar que me abriu as portas do universo saboroso dos queijos. E como olvidar a minha amiga de longa data, Lúcia Helena, com seu sabor do cerrado do pequi goiano, em pós-doutorado (Gratão, 2014)? E ao final de minha carreira acadêmica, Hugo me introduziu no deslumbrante ecúmeno geográfico da paisagem de Berque (Marandola, 2017).

Espero ainda terminar meu canto geral e final com a "Geografia do Sabor".

*Todos os caminhos – nenhum caminho*
*Muitos caminhos – nenhum caminho*
*Nenhum caminho – a maldição dos poetas.*

(Manoel de Barros, 2015, p.72).

# PARTE I
# UMA EPISTEMOLOGIA GEOGRÁFICA

# 1 QUE É GEOGRAFIA

Tanto como pergunta quanto como resposta, a questão poderia ser: "O que é Geografia" e não "Que é Geografia". À primeira vista, a diferença parece sutil: há apenas o acréscimo do artigo. Porém, epistemologicamente, mudaria e muito. Essa questão está ligada diretamente a um dos problemas básicos do conhecimento científico, mais especificamente à problemática da essência das coisas, dos objetos. Pois, quanto ao conhecimento, sabe-se que há objetos reais e ideais, e não se pode atingir a certeza do conhecimento de sua essência última. Com efeito, só se pode saber *que* as coisas são, mas não *o que* as coisas são em si.

Assim, para Kant, diante do mundo se colocam três proposições: a coisa em si é incognoscível; o conhecimento permanece limitado ao mundo fenomênico; e o mundo surge em nossa consciência porque ordenamos e elaboramos o material sensível em relação às formas *à priori* da intuição e da razão. Pode-se afirmar sobre o conhecimento da *existência* dos objetos mais do que sobre o conhecimento da *essência* deles, ou seja, é possível afirmar sobre as propriedades, funções, estruturas, organizações dos objetos, das coisas. Mas se deve contentar em afirmar sobre a existência mais do que sobre a essência?

A resposta a essa relevante questão está na dependência da concepção que se tenha da essência, isto é, de acordo com a concepção adotada. Por um lado, pode-se aceitar a concepção aristotélica de que os objetos do conhecimento estão já prontos e são determinados e reproduzidos pela consciência cognoscente refletida pela ordem objetiva; em outras palavras, se o conhecimento for considerado uma função receptiva e passiva, representado como reprodução do objeto; seria como uma *duplicação* da realidade. Por outro lado, pode-se aceitar a concepção kantiana de que não há objetos do conhecimento feitos, mas produzidos pela consciência, criada pela ordem e considerada como função ativa e produtiva. Pode-se afirmar, entretanto, que apenas essas duas concepções não representam uma solução simples a absolutamente certa, escapando à possibilidade de resolver, de modo definitivo, o problema da relação entre sujeito e objeto. Daí que a teoria do conhecimento, quanto à essência, resulta, pois, completamente absorvida pela metafísica, fugindo de uma solução racional ou empírica, muitas vezes conduzindo a um interminável e inócuo jogo de acertos e erros.

Além disso, talvez o mais difícil seja definir e comprovar o que é o saber, que é o conhecimento, e como e quanto é permitido utilizá-lo, aplicá-lo, depois de produzido. Esse conhecimento inicial deve ser seguido por um segundo que implica sabedoria. A aplicação ou a utilização deve estar acompanhada intimamente das consequências, isto é, dos valores atribuídos. Deve-se passar da transcendência à imanência mediante uma concepção humanista da sociedade e da natureza. A chamada "revolução da informação", entretanto, produz uma civilização cuja ética altera constantemente os significados, vestindo-se de roupagens coloridas, diferentes, talvez mesmo camufladas, e privilegiando ações efêmeras, nas quais o conceito de vida e as causas defendidas mudam e são superadas rapidamente.

## SOBRE ESPAÇO

A colocação epistemológica "o que é Geografia" implica o tempo do verbo, que poderia ser o que foi, ou melhor ainda, o que será. Tecer considerações sobre o que foi a Geografia, ao longo do tempo cronológico, talvez fosse mais adequado em uma abordagem histórica. Seria discorrer sobre o pensamento geográfico perpassando a Antiguidade clássica, a época medieval, a Idade Moderna até a Era Contemporânea. Seria analisar as diversas escolas geográficas, iniciando pela alemã, pela francesa e pela anglo-saxônica (inglesa e norte-americana). Ou, mais ainda, fazer um levantamento da contribuição de todos aqueles que se destacaram no panorama científico, metodológico, epistemológico e mesmo educacional da Geografia. Foram tantos pesquisadores, viajantes, professores, teóricos que alargaram o horizonte geográfico, que propuseram novas técnicas, métodos e modelos, que organizaram congressos e encontros, que fundaram escolas, departamentos, institutos de ensino e pesquisa, que escreveram tratados, livros, artigos, que publicaram trabalhos inéditos ou reproduções para comprovar e comparar com outros resultados obtidos em diferentes lugares ou momentos.

O pensamento contemporâneo geográfico vem assistindo a e participando de revoluções tecnocientíficas e de informática e, sobretudo, adotando como método de investigação a interdisciplinaridade científica. A nomenclatura geográfica tem incorporado ao seu corpo de conhecimento novas visões de homem e de mundo. Tem se beneficiado e muito das imagens de satélites, das técnicas matemáticas e estatísticas, de programas de computação, e trocado ideias com as demais disciplinas científicas. Talvez o mais importante seja ter se engajado na busca de saídas satisfatórias para a questão do meio ambiente, do social e do demográfico.

As dissertações de mestrado, as teses de doutorado e as mesas-redondas em encontros, especialmente locais e regionais, estão voltadas e preocupadas com o espaço geográfico, porém com os aspectos do cotidiano, do ensino, da realidade mais próxima. De tal modo que a Geografia se abriu para o mundo, para dar, para receber e possivelmente para se integrar, trabalhando e estudando em conjunto, deixando o isolamento no qual se colocou, durante décadas, ao pensar que era uma disciplina de síntese. Hoje não resta dúvida que, ao se integrar, sabe que é uma disciplina de análise, como todas as demais, e se conduz mediante as preocupações com as interações espaciais, com os processos, os fluxos, as representações, as percepções.

Diante do exposto, convém lembrar que epistemologicamente a Geografia lida com o espaço. Espaço esse que é de natureza ontológica, enquanto objeto e categoria independente e contínua, sendo pensada em termos de espaço/tempo. Também é de natureza epistemológica, como um conteúdo, possuindo propriedades próprias, com relações e dimensões específicas. É igualmente de natureza psicológica e lógica. No primeiro caso, o espaço é uma construção, um processo, com participação efetiva do sujeito. E no segundo, o espaço é uma relação, sendo um sistema tanto referencial quanto sociocultural.

Os tipos de espaço podem ser assim trabalhados: o matemático é representado, mensurado mediante as diversas geometrias, mas sempre concebido como ideal, ideiado; o físico é representado, objetivo, constituído por objetos, concebido como processos espaço/tempo, como real, na realidade; o espaço psicológico é construído, sendo tanto individual como coletivo, com objetos com significados atribuídos pelo sujeito, concebido como símbolo, sempre simbólico; o social se apresenta como dependência e liberdade, como refúgio ou aventura, sempre como condição de sobrevivência e de poder, sendo espaço vital, porém não é isomórfico ao espaço físico; já o geográfico não é apenas euclidiano, mas também e primeiramente topológico, confundindo-se com a superfície da terra, sendo o território e a cultura de povos e nações, podendo-se identificar como pátria.

O espaço compreende dois elementos: teórico e prático, que se apresentam de maneira indissolúvel, como elementos de uma mesma moeda. O elemento teórico diz respeito à conceituação do espaço. O espaço como um conceito se revela como substância, isto é, um ser independente, com propriedades, estados e alterações, ou então como relação entre os objetos, ou ainda como representação das relações. Por outro lado, o elemento prático diz respeito à vivência do espaço. O espaço vivido é importante para a sobrevivência, relacionamento, para executar as atividades, a movimentação, a organização, e até para a apreciação cultural.

Não se pode esquecer de que o desenvolvimento da noção de espaço está submetido ao fator idade, variando desde crianças, adolescentes, adultos, até os mais velhos; às culturas, variando entre as sociedades pré-industriais e as industriais, e às classes sociais, variando entre a riqueza e a pobreza. Ademais, o espaço pode ser pensado como absoluto, uma coisa em si mesma, como existência independente da matéria; como relativo, como relação entre os objetos, dependendo da matéria; ou então como relacional, como contido em objetos, pois um objeto existe na medida em que contém e representa dentro de si as relações com outros objetos. Assim pode-se resumir: o espaço não é nem absoluto nem relativo ou relacional em si mesmo, mas pode se transformar em um ou em outro, dependendo das circunstâncias. Pode-se dizer que o problema do espaço é resolvido por meio da prática, da vivência em relação a ele mesmo.

Entretanto, como a noção de espaço, psicologicamente, é uma construção, um processo, ela se desenvolve em vários planos: perceptivo, cognitivo e representativo. Mas é sempre solidário com e inerente a todo desenvolvimento: mental, sensório-motor, afetivo, social e cultural. Piaget reconhece uma atividade perceptiva entre a percepção e a inteligência; é uma interação funcional entre a percepção e a inteligência e geneticamente o espaço é simultaneamente físico, matemático, isto é, depende tanto do objeto como do sujeito.

O espaço perceptivo é prático e vivenciado, particularmente sensório-motor, ligado à locomoção e à intuição; percebe-se o espaço em suas dimensões física, social, geográfica. Enquanto o espaço cognitivo é operatório, lógico e hipotético, conduzindo à generalização e à inteligência, sendo, portanto, inteligível – concebe-se o espaço em suas propriedades e seus processos, o espaço representativo trata do mapeamento e da mensuração, ligado à imagem mental, sendo simbólico e geométrico – representa-se o espaço como construção e reconstrução, mental e graficamente.

Ao discorrer sobre as relações espaciais, não se deve deixar de mencionar as três principais dimensões do espaço: ponto, linha, área e volume, não esquecendo a quarta dimensão: o tempo. Consideram-se também as relações matemáticas e físicas (topológicas, projetivas e euclidianas).

Quais são as relações de espaço com a Geografia? Inicialmente é com a geometria, enquanto linguagem espacial e a escolha dentre as várias geometrias. Aceita-se, plenamente, que o espaço é um conceito básico em Geografia, quer como absoluto (coordenadas geográficas, métrica, euclidiano ou projetivo), quer como relativo (localização relativa ou distância relativa), quer como euclidiano (em que a reta é a distância mais curta entre dois pontos) ou então rieminniano (em que a curva é distância mais curta entre dois pontos), quer como relacional imbricado na prática social e humana, cujas forma e processo integram o homem em seu meio ambiente. Por outro lado, a representação do espaço utiliza os mapeamentos mediante as diversas geometrias e todos sabem que o mapa é um instrumento geográfico básico. Afinal, tudo leva a uma reflexão espacial epistemológica, considerando-a como um pensar espacial cotidiano, em um espaço vivido.

## SOBRE GEOGRAFIA

O conhecimento geográfico espontâneo surgiu para atender às necessidades básicas, como localização da aldeia ou do campo de caça e de pesca; deslocamentos; levantamento de recursos naturais; ou orientação em relação a vento, chuvas, rios, tribos, marcha aparente do sol. Em atendimento aos mapeamentos e tradições, os mapas surgiram antes da escrita, traduzindo os registros de lugares e de outros grupos humanos ou de animais. As viagens decorreram de anseios de aventura e de precisão, e nelas foram cruzados lagos, mares e oceanos, percorridos rios e montanhas e penetrados continentes e ilhas, sempre perpetuadas com descrições orais e registros em pedras, papiros, folhas ou troncos.

Antes de os gregos inventarem a filosofia, a democracia e a política e de criarem um espaço público, dessacralizado-o (o que permitia um debate público e contraditório), no geral o poder prevalecia com a melhor opinião, a mais convincente. A partir daí, porém, desponta um conhecimento geográfico e reflexivo com a reflexão filosófica sobre a concepção da forma da Terra como a esfera, a forma perfeita; sobre a concepção do homem, como ser racional, humano, inteligente e histórico; e sobre a concepção do universo, em termos de infinito e imensurável. Das preocupações com a mensuração e a geometria: forma e tamanho do planeta, as medições (latitude e longitude), as representações gráficas (mapas), nasceram as filhas gêmeas da matemática: a geometria e a geografia. Os gregos empreenderam viagens e descobertas, contataram novos povos, línguas e costumes, como resultado da diáspora, por toda a bacia do Mediterrâneo até os confins da Ásia às margens do rio Indus. Durante os séculos greco-romanos, sucedem-se grandes nomes preocupados com a Terra e surge a palavra GEOGRAFIA, que perdura até os dias atuais.

A Geografia se firma como uma disciplina científica, desfrutando um lugar entre as disciplinas ditas reais, empíricas, sociais, e preocupada com uma visão horizontal mais do que vertical, isto é, analisando a realidade de uma maneira integrada, de conjunto, constituindo-se em um conhecimento não meramente descritivo ou classificatório, mas muito mais explicativo, analítico e predizível. Por isso, o problema da ciência, incluindo a Geografia, é muito mais epistemológico do que lógico; está muito mais relacionado com o próprio conhecimento e com a metodologia de trabalho. A ciência, enquanto atividade humana, preocupa-se com o mundo natural e social, procura a realidade total, busca uma unidade de linguagem, pois a realidade só é múltipla para os processos de investigação. O que se observa é que, à medida que os cientistas alargaram seus conhecimentos, afastaram-se da concepção unitária do real; quanto maior a especialização, maior a diferenciação de linguagem, com uma nomenclatura cada vez mais particular.

O que consta atualmente é a unidade dos problemas, nesses momentos históricos em que se defronta, no dia a dia, com a repetição e sucessão de muitos problemas; é o reconhecimento e a aceitação das raízes sociais e da função social da ciência. Essas considerações podem, perfeitamente, ser aplicadas aos estudos geográficos.

A investigação geográfica lança mão do modelo das ciências naturais quando desenvolve a observação dos fatos, procede às inferências dedutivas e indutivas, adota um conhecimento científico enquanto especulação controlada. Utiliza-se também do modelo das ciências sociais, quando assume caráter nomotético e não apenas idiográfico, reconhecendo um conhecimento científico enquanto uma tarefa criativa. Qual seria o modelo geográfico? Assumindo que se partisse da observação geográfica para se atingir a análise e a explicação dos fatos, procurando formular teorias em Geografia, ou aplicáveis a outras disciplinas, trabalhando com visões sistêmicas e temporais, atingir-se-ia a própria natureza espacial, o cerne do saber de nosso próprio conhecimento.

Ao passo que a demonstração geográfica buscaria em sua estrutura teórica: a diferenciação areolar, a interação ambiental, a distribuição espacial, a análise geométrica e computacional e a análise da paisagem. Formularia hipóteses e leis, procurando a universalidade dos enunciados que, por sua vez, conteriam uma necessidade lógica e explicatória. Proporia modelos de construção e de aplicação com características geográficas. Emitiria uma linguagem formal e espacial, por meio de conceitos geográficos de espaço e consequente representação do espaço físico, social, vívido, cotidiano, significativo. Enunciaria em linguagem probabilística, por meio de cálculo de probabilidade, chegando a uma análise espacial.

Porém, ao se preocupar com o conhecimento científico da Geografia, não se pode menosprezar o conhecimento didático da Geografia. É tão relevante a preocupação científica quanto a pedagógica. Em geral, grandes cientistas, após galgarem altos escalões da ciência e da tecnologia, voltam-se para a didática, para como ensinar, escrevem livros escolares infantis com o intuito de propiciar a iniciação científica em suas áreas. No Brasil, ainda não se assistem a edições ou editoras preocupadas com a Geografia Infantil. Não se quer aludir aqui a livros para crianças ou adolescentes com temas geográficos, principalmente sobre viagens, muitas vezes fantásticas e com paisagens distorcidas ou estereotipadas; menos ainda a obras pseudoliterárias, que douram as personagens e os cenários com cores falsas e palavras enganosas. No momento, o que se deseja é chamar a atenção de geógrafos, professores de Geografia e editores para o público infantil que, naturalmente, sente necessidade de conhecer de maneira correta e atual sua pátria, suas gentes, seus usos e costumes, e também de outras plagas e nações; sente necessidade, ainda mais, de compreender as interações entre as pessoas e seus meios ambientes e como preservar, como conservar e, mais do que tudo, como amar o planeta. É indispensável utilizar a mídia para esclarecer sobre a vergonhosa desigualdade social, sobre os bolsões de pobreza e sobre os mecanismos de rompimento dos ciclos viciosos explicativos e simplistas com puras causas e efeitos.

O que se espera – ou melhor, deseja-se – são pequenos grandes livrinhos escritos por quem entende de Geografia, que gosta da Geografia e se interessa pela formação educacional das crianças. Livros que sejam escritos tanto com conhecimento geográfico quanto com conhecimento didático e que descortinem para as futuras gerações possibilidades geográficas e ecológicas reais e não simplesmente virtuais.

## CONSIDERAÇÕES FINAIS

A indagação inicial possivelmente não foi conclusiva. Isso porque perguntas desse tipo, na realidade, não são respondidas, nem esperadas, mas discutidas e refletidas. São muito mais levantamentos de ideias a serem trocadas em mesas-redondas ou colocadas em colóquios. Espera-se com estas considerações contribuir para discussões, principalmente em salas de aula de Geografia.

À guisa de conclusão, pode-se terminar com palavras ou proposições para que sejam sempre lembradas. O conhecimento científico geográfico vem assistindo a um desenvolvimento crescente. Cada vez mais o geógrafo vem sendo solicitado a participar de planejamentos, de pesquisas interdisciplinares, de órgãos públicos e especialmente de algumas ONGs. O geógrafo tem sido convidado a integrar equipes sobre meio ambiente, turismo, planejamento (regional, urbano, habitacional). Como hoje em dia a sociedade cada vez mais busca a harmonia entre homem, natureza e tecnologia, o geógrafo tem instrumentos e conhecimentos para auxiliar na resolução dessa equação. Equação que será formulada e resolvida nas próximas décadas, quiçá séculos.

Por outro lado, o conhecimento geográfico vulgar, isto é, do senso comum, também não deve ser esquecido, principalmente quando a resposta está sendo procurada localmente. As soluções encontradas por pessoas simples, com pouca instrução, muitas vezes são as mais adequadas para as suas necessidades. Isso diz respeito particularmente ao planejamento urbano ou rural. Como decidir sobre as construções de moradias, localizações de supermercados, igrejas, escolas, áreas de lazer sem consultar o usuário? Em geral, não se leva em conta como as pessoas percebem os seus arredores; que sentimentos e significados são atribuídos aos símbolos e marcos de sua localidade e quais atitudes devem ser avaliadas quando os poderes públicos ou empresariais decidem por esta e não por aquela localização ou distribuição ou mesma decisão, não respeitando os desejos e as vontades da população ou não acatando as preferências por cores ou não dando atenção na escolha dos bairros e dos vizinhos.

Por fim, deve-se ter em mente o conhecimento didático geográfico tão importante quanto necessário para fundamentar um ensino/aprendizagem da Geografia. Não se pode descurar da educação geográfica, tanto de mestres como de alunos, e mesmo de diretores e coordenadores/supervisores que trabalham diretamente com as escolas e com a administração escolar pública e particular. Entende-se por conhecimento geográfico didático propiciar condições aos professores de atualizarem-se por meio de informações atuais, técnicas novas, estratégias adequadas e principalmente orientar a ação didática no que diz respeito aos melhores e justos meios de avaliação. Usar os mapas e os atlas, dando oportunidade aos alunos de procederem à leitura e ao manuseio desses instrumentos básicos da Geografia. Favorecer o acesso aos alunos e professores ao computador, com programas adrede preparados.

E tudo o mais que seja possível de novo e de antigo, que possa contribuir para uma melhor compreensão da situação de violência, pobreza e surpresa com a qual o país, e mesmo o planeta, defronta-se. Situação que exige novos dimensionamentos, novos esclarecimentos e novos sentimentos.

Que é Geografia? É uma disciplina que trabalha com o espaço, em termos relativos e relacionais, de um ponto de vista horizontal, ambiental e social. Geografia é aquilo que os geógrafos a fazem e a tornam necessária e relevante. Geografia é aquilo que os geógrafos querem e desejam.

> – *O que me aconselha a visitar? Perguntou ele.*
> – *O planeta Terra, respondeu-lhe o geógrafo.*
> *Goza de grande reputação...*
> *E o principezinho se foi, pensando na flor.*
>
> (Saint-Exupéry, 1960, p.53)

# 2
# UMA LEITURA GEOGRÁFICA DA EPISTEMOLOGIA DO ESPAÇO SEGUNDO PIAGET

*Ora, como toda a ciência está em permanente transformação e não considera jamais seu estado como definitivo...*

(Piaget, 1972, p.9)

O Centro Internacional de Genebra dedicou muitos anos de atividades investigativas à epistemologia genética. Esses simpósios reuniam intelectuais e cientistas, pertencentes ou convidados pelo centro, para discutir e trocar ideias as mais variadas, porém sempre focadas na epistemologia e sempre com a presença de Piaget, até sua morte um investigador incansável e dotado de uma curiosidade eclética. Assim sua vida científica compreendeu uma gama variada e ininterrupta de estudos experimentais e teóricos, procurando levantar perguntas e dar respostas a questões as mais diversas. Mas talvez sua vocação tenha sido basicamente epistemológica. Sua preocupação com o conhecimento é notória. Sempre procurou relacionar a epistemologia a sua gênese. Assim se expressa:

> [...] o conhecimento não poderia ser concebido como algo predeterminado nas estruturas internas do indivíduo, pois que estas resultam de uma construção efetiva e contínua, nem nos caracteres preexistentes do objeto, pois que estes só são conhecidos graças à mediação necessária dessas estruturas.
>
> [...]
>
> Em outras palavras, todo conhecimento comporta um aspecto de elaboração nova e o grande problema da epistemologia é o de conciliar esta criação de novidades com o duplo fato de que, no terreno formal, elas se acompanham de necessidade tão logo elaboradas e que, no plano real, elas permitam (e são, mesmo, as únicas a permitir) a conquista da objetividade. (Piaget, 1972, p.7)

Embora interessados em epistemologia, Piaget e seus colaboradores abriram um leque de estudos que, por sua vez, levou a outros e mais outros estudos. Foram inúmeros livros, artigos, simpósios e congressos realizados sobre os mais diferentes assuntos, mas sempre inter-relacionados, imbricados uns nos outros. As preocupações foram sobre percepção e inteligência; estruturas lógicas e perceptivas; mecanismos perceptivos e memória; imagem mental e tomada de consciência; geometria espontânea e representação do espaço; noção de movimento e velocidade e tempo; representação do mundo e construção da realidade; noções de classes, relações e números e causalidade física; lógica e conhecimento e linguagem e pensamento; lógica infantil e psicologia infantil; pensamento simbólico e julgamento moral. O Grupo de Genebra vem trabalhando desde a década de 1920. Foram centenas e centenas de pesquisadores que passaram pelas e participaram das inúmeras reuniões e cursos patrocinados pela Faculdade de Ciências da Universidade de Genebra.

Neste capítulo tentarei fazer uma leitura geográfica a partir da epistemologia do espaço preconizada e proposta pelos colaboradores genebrinos e extrair uma contribuição para uma epistemologia do espaço geográfico. Porém, antes tecerei algumas considerações sobre a epistemologia genética; em seguida, discutirei a epistemologia do espaço e, finalmente, tentarei questionar a epistemologia do espaço geográfico.

Essas três questões compreendem uma preocupação sobre a busca de uma epistemologia que fundamente as investigações e as reflexões teóricas e metodológicas do saber geográfico. Espero que meu objetivo seja atingido e que abra novas perspectivas na procura do conhecimento da geografia.

Não pretendo dar respostas feitas ou prontas, mas, ao contrário, espero abrir novas janelas e propor novas discussões.

## EPISTEMOLOGIA GENÉTICA

Piaget (1973, p.7-10) chama a atenção para as teorias clássicas do conhecimento que foram as pioneiras em levantar a questão sobre a possibilidade do conhecimento científico. Porém, para essas epistemologias, o conhecimento é tradicionalmente abordado como um *fato* e não como um *processo*. A abordagem comum é como se o conhecimento fosse algo estático, acabado, donde uma posição absoluta a ser adquirida.

Coloca então que:

> As razões de tal atitude, que se colocava de repente *sub specie aeterritatis*, não são apenas encontráveis nas doutrinas particulares dos grandes filósofos que fundaram a teoria do conhecimento: no realismo transcendente de Platão ou na crença aristotélica em formas imanentes, mas também permanentes nas ideias inatas de Descartes ou na harmonia preestabelecida de Leibniz, nos quadros *a priori* de Kant ou mesmo no postulado de Hegel que, ao descobrir o vir-a-ser e a história nas produções sociais da humanidade, queria-os redutíveis à dedutibilidade integral de uma dialética dos conceitos. (Piaget, 1973, p.7-8)

Agrega-se a essas posições a do próprio conhecimento científico, que sempre defendeu, por longo tempo, que atingira um conjunto de verdades definitivas, apesar de incompletas.

Durante as discussões e reflexões do século XIX e parte do XX, os intelectuais permaneceram contrários à revisão e à reorganização reflexivas, tendo considerado acabada a lógica aristotélica. Mesmo na física moderna, até o início do século passado, o espaço ainda era trabalhado como absoluto, equacionado como espaço euclidiano. Até ciências jovens, como a psicologia e a sociologia, aceitavam os invariáveis do conhecimento, como propunha Comte.

A partir de novas conquistas, de novas tecnologias e sobretudo, de novas teorias sob as influências convergentes é que hoje se aceita que o conhecimento não é mais um estado, mas um processo. Isso se deve aos trabalhos histórico-críticos entre os diversos tipos de pensamentos científicos, destacadamente a obra de Léon Brunschvicg. É a corrente do vir-a-ser. Devemos recordar, além disso, que o trabalho constante de reorganização reflexiva permitiu uma epistemologia do pensamento científico, tornando-se cada vez mais preocupação dos próprios eruditos, incorporando-se ao sistema de cada ciência considerada como filosofia ou como lógica.

Piaget (1973, p.10) tece considerações entre epistemologia e psicologia, colocando que:

> Essa transformação fundamental do conhecimento-estado em conhecimento-processo leva então a colocar em termos bastante novos a questão das relações entre epistemologia e desenvolvimento ou mesmo formação psicológica das noções e operações.

De modo geral, as histórias epistemológicas clássicas prescindiram da psicologia por vários motivos, podendo-se imaginar a falta de pesquisas experimentais, prendendo-se apenas às percepções, às associações e aos hábitos então aceitos como tais quanto aos processos psicológicos.

Se concordarmos que todo conhecimento é sempre vir-a--ser e consiste em passar de um conhecimento menor para um estado mais completo e mais eficaz, procuramos conhecer esse vir-a-ser e analisá-lo de maneira mais exata possível. Em outras palavras, trata-se de assegurar uma colaboração da análise histórico-crítica com a análise psicogenética.

Mais adiante, Piaget (1973, p.14) amplia suas colocações:

> Epistemologia é a teoria do conhecimento válida e, mesmo que esse conhecimento não seja jamais um estado e constitua sempre um processo, esse processo é essencialmente a passagem de uma validade menor para uma validade superior. Resultado disso é que a epistemologia é necessariamente de natureza interdisciplinar, uma vez que tal processo suscita, ao mesmo tempo, questões de fato e de validade; se se tratasse apenas de validade, a epistemologia se confundiria com a lógica: o problema, entretanto, não é puramente formal, mas chega a determinar como o conhecimento atinge o real; portanto, quais as relações entre o sujeito e o objeto. Se se tratasse apenas de fatos, a epistemologia se reduziria a uma psicologia das funções cognitivas, e esta não é competente para resolver as questões de validade.

Fica claro, nessas considerações, que a interdisciplinaridade é fundamento da epistemologia, necessitando tanto da psicologia quanto da lógica, implicando questões e participações de especialistas em psicogenética para que seja garantida a colaboração antes citada.

São inúmeros os exemplos dessa colaboração psicogenética e epistemológica das ciências contemporâneas, como o das relações entre o tempo e a velocidade. Na mecânica clássica, o tempo e o espaço são definidos como absolutos, correspondendo a intuições simples, enquanto a velocidade não passa de uma relação entre eles. Na mecânica relativista, ao contrário, a velocidade se torna um absoluto, e o tempo e o espaço são relativos. Essas duas noções (tempo e velocidade) são assim definidas: a velocidade por meio do tempo; porém, não se podem medir as durações a não ser pela velocidade. Constatamos que de fato existe uma intuição primitiva da velocidade, independentemente de toda duração e que provém a propósito do espaço: é a intuição da ultrapassagem cinemática. A velocidade é, pois, inicialmente independente de durações, enquanto essas supõem um componente da velocidade. As simultaneidades e durações estão assim subordinadas aos efeitos cinemáticos.

Nas palavras de Piaget (1973, p.21):

> A própria gênese das noções da velocidade e de tempo torna bastante compreensível que a intuição de um tempo universal e absoluto nada tenha de necessária e que, produto de certo nível de elaboração dos conhecimentos, tenha podido ceder o passo a análises fundadas em aproximações mais rigorosas.

Por conseguinte, o conhecimento constitui sempre um processo e não pode ser fixado em seus estados sempre momentâneos, mostrando inevitavelmente lacunas entre as ideias na história da ciência. Isso atesta o número crescente de estudiosos que participaram dos simpósios e discussões no Centro Internacional de Epistemologia Genética, bem como de publicações e traduções em várias línguas e de debates que se multiplicaram no mundo científico.

De início, a preocupação central da epistemologia genética é quanto à construção dos conhecimentos, especialmente os novos. Se aceitamos que a ciência (por exemplo, a física) não está concluída, não há dúvida de que nosso próprio universo não está concluído, e muitas vezes a própria epistemologia esquece esse pequeno grande detalhe. A epistemologia genética estuda os estados sucessivos de uma determinada ciência em função de seu desenvolvimento, sob uma forma limitada e especializada. A análise comporta três aspectos indissociáveis: o aspecto epistemológico terá sempre a primazia, visto tratar-se daquele que dá resposta às leis e às explicações.

Os outros dois constituem-se nas raízes sociogenética e psicogenética de determinado conhecimento e de seus mecanismos formadores, incluindo suas histórias e o desenvolvimento da criança com seus processos biológicos e mentais. A epistemologia genética se constitui em aplicação aos estudos

dos conhecimentos e com os métodos experimentais de observação e de clínica.

Mais adiante Piaget (1973, p.105) coloca:

> A esse respeito, é preciso habituar-se a proceder metodicamente. Uma epistemologia científica, como qualquer outra disciplina ao mesmo tempo indutiva e dedutiva, não poderia proceder senão passo a passo, graças ao acúmulo de resultados parciais e sem ambições prematuras. É de uma série ininterrupta de estudos monográficos e bem destacados que devem surgir as aproximações e as generalizações, e não de um sistema situado antes.

Em sua *Epistemologia genética*, Piaget postula sobre o desempenho das operações lógico-matemáticas como um papel necessário na descentralização do sujeito e na reconstituição do objeto:

> A objetividade, antes de tudo, é um processo e não um estado, e representa mesmo uma conquista difícil, por aproximações indefinidas, porque deve satisfazer às duas condições seguintes: a primeira é que o sujeito, só conhecendo o real, através de suas ações (e não apenas por suas percepções), para atingir a objetividade, passará por uma descentração. Ora, esta é tão difícil de se caracterizar como a passagem da infância à idade adulta: toda a história da astronomia é a das centrações sucessivas das quais foi preciso que se libertasse desde a época em que os corpos celestes seguiam os homens (a estrela dos reis magos etc.) até Copérnico e Newton, que acreditavam ainda universais nossos relógios e nossos metros. E este é um exemplo apenas. Ora, o sujeito não chega a se descentrar senão ao coordenar em primeiro lugar suas ações sob as espécies de estruturas operatórias cada vez mais compreensivas. Somente o objeto, que não é em primeiro lugar conhecido senão por meio das ações do sujeito, deve ser reconstituído e torna-se por isso um limite do qual se procura aproximar indefinidamente, mas sem jamais o atingir; a segunda condição da objetividade é, portanto, a da reconstituição por

> aproximações, donde uma série de novas coordenações entre os estados sucessivos de um mesmo objeto, assim como entre objetos, o que equivale à elaboração de princípios de conservação e de sistemas causais. (Piaget, 1972, p.93-4)

Convém, nesta altura da análise, descrever aqui os níveis de desenvolvimento do pensamento intelectual:

a) *Níveis sensório-motores*. O latente relaciona-se com o seu corpo como se fosse o centro do mundo, mas um centro que a si mesmo desconhece. A ação primitiva mostra ao mesmo tempo uma indiferenciação completa entre o subjetivo e o objetivo e uma centração básica. Que laço poderia ligar esses dois aspectos? Piaget (ibidem, p.15-16) indaga:

> Se existe uma indiferenciação entre o sujeito e o objeto a ponto de o primeiro não se conhecer nem mesmo como fonte de suas ações, por que seriam elas centradas no corpo próprio ao passo que a atenção estaria fixada no externo?
>
> [...]
>
> De fato, a indiferenciação e a centração das ações primitivas importam ambas um terceiro aspecto que lhes é geral: elas ainda não estão coordenadas entre si e constituem, cada uma, um pequeno todo isolável que liga diretamente o corpo próprio ao objeto (sugar, olhar, segurar etc.). Daí decorre uma falta de diferenciação, pois o sujeito não se afirmará em seguida a não ser coordenando livremente suas ações, e o objeto não se constituirá ao ser se sujeitando ou resistindo às coordenações dos movimentos ou posições em um sistema coerente. Por outro lado, como cada ação forma ainda um todo isolável, sua única referência comum e constante só pode ser o corpo próprio, donde uma centração automática sobre ele, embora não desejada nem consciente.

Entre os 18 e os 24 meses, com o início da função semiótica e da inteligência representativa, o sujeito estabelece a conexão entre as ações. Nos níveis sucessivos do período sensório-motor, observa-se uma coordenação gradual das ações, pelo jogo fundamental das assimilações recíprocas, chegando a construir uma conexão entre meios e fins, caracterizando os atos da inteligência. Ao coordenar ações, o sujeito desloca os objetos, submetendo essas coordenações a grupo de deslocamentos e podendo atribuir posições sucessivas e também determinadas. Com isso o objeto adquire certa permanência espaçotemporal e consequente espacialização e objetivação das próprias relações causais:

Piaget (ibidem, p.17) resume assim suas colocações:

> Em resumo, a coordenação das ações do sujeito, inseparável das coordenações espaciotemporais e causais que ele atribui ao real, é ao mesmo tempo fonte das diferenciações entre este sujeito e os objetos, e desta descentralização no plano dos atos materiais é que vai tornar possível com o concurso da função semântica e ocorrência da representação ou do pensamento.

É a partir do nível sensório-motor que se constrói a diferenciação nascente do sujeito e do objeto e se assinalam a formação de coordenações e a distinção entre duas espécies: de um lado, as que religam entre si as ações dos objetos uns sobre os outros. Essas ações já conferem aos objetos uma organização espaçotemporal, cinemática ou dinâmica.

b) *Primeiro nível do pensamento pré-operatório.* Os esquemas da inteligência sensório-motora não são ainda considerados conceitos, pois não podem ser manipulados por um pensamento, sem qualquer conhecimento da existência material ou prática, por falta de aparelhos semânticos para os designar e permitir uma tomada de consciência. Tudo muda com o aparecimento da função simbólica, permitindo a linguagem, a imagem mental, o jogo simbólico, pois as ações simples garantem as interdependências entre o sujeito e o objeto, permitindo a interiorização do pensamento e a conceitualização ao deslocar os objetos e representar os movimentos e evocar outros deslocamentos. A tomada de consciência procede por escolha e esquematização representativa, implicando já uma conceitualização.

Com suas palavras, assim se expressa Piaget (ibidem, p.22):

> De fato, seria mais simples admitir que a interiorização das ações em representações ou pensamento consiste apenas em refazer o curso ou em os imaginar por meio de símbolos ou de signos (imagens mentais ou linguagem) sem os modificar ou os enriquecer com isso. Em realidade esta interiorização é uma conceitualização com tudo o que esta comporta de transformação dos esquemas em noções propriamente ditas, por mais rudimentares que elas sejam.

A defasagem entre as ações sensório-motoras e a ação interiorizada ou conceitualizada é que as primeiras permanecem entre o sujeito e o objeto puramente atual, não sendo este nem aqueles pensamentos revestidos de outros aspectos senão os do momento; na segunda, o sujeito da ação (quer o eu ou outro objeto) é pensado com seus aspectos duráveis (predicados ou relações). À medida que as representações progridem, as distâncias aumentam entre si e os objetos, no tempo e no espaço. Isso posto, resulta que desde o início desse período do conhecimento representativo pré-operatório constatam-se progressos consideráveis, no sentido das coordenações internas do sujeito e das coordenações externas entre objetos. O sujeito torna-se capaz de inferências elementares, de classificações em configurações espaciais, de correspondências; aparecendo os "porquês", iniciando as explicações causais; lembrando sempre que a passagem das condutas sensório-motoras para as ações conceitualizadas não se deve somente à vida social, mas também ao progresso da inteligência pré-verbal e à interiorização da imitação em representações. "Sem esses fatores prévios em parte endógenos, nem a aquisição da linguagem nem as transmissões e interações sociais seriam possíveis, pois que constituem elas uma das condições necessárias" (ibidem, p.29).

Mais adiante explica que essa passagem (da ação ao pensamento) não se faz de uma maneira revolucionária, mas, ao contrário, por uma diferenciação lenta e trabalhosa, relacionando-se com as transformações assimiladoras.

A grande diferença epistemológica entre as duas formas de assimilação (por esquemas sensório-motores e por conceitos) é que a primeira pouco diferencia os caracteres do objeto dos caracteres das ações do sujeito, enquanto a segunda recai apenas sobre os objetos, porém ausentes ou presentes, libertando o sujeito de suas ligações com a situação atual, atribuindo-lhe poder de classificar, seriar, corresponder-se etc. com mobilidade e liberdade.

c) *O segundo nível pré-operatório*. Este caracteriza o início da descentração, permitindo a descoberta de ligações objetivas, aqui denominadas "funções constituintes". Assim defronta-se com uma passagem de um egocentrismo radical a uma descentração relativa por objetivação e espacialização. Essa centração sensório-motora se liga ao corpo próprio, ao passo que no nível pré-operatório surgem os pré-conceitos e as pré-relações, devido às coordenações progressivas. Com suas palavras, Piaget (1972, p.29) explica que "as funções constituintes e não ainda constituídas por estas últimas se formarão no estágio das operações concretas".

Essa função é constituinte ainda por não ser reversível, carente de reversibilidade, não comportando as conservações necessárias, verificando-se apenas como semilógica pela ausência de operações inversas. Piaget (1972, p.29) inclui que "este aspecto orientado e não intrinsicamente reversível da função constituinte apresenta uma significação epistemológica interessante que é mostrar as ligações ainda duráveis com os esquemas de ação".

Mais adiante Piaget (ibidem, p.30) explica que:

> Por um lado, na medida em que ela exprime as dependências interiores à ação enquanto mediadora entre o sujeito e os objetos, a função participa, também como ação, de uma dúplice natureza, dirigida ao mesmo tempo no sentido da lógica (uma vez que suscita coordenações gerais entre os atos) e no sentido da causalidade (visto que exprime dependências materiais).

d) *O primeiro nível do estágio das operações concretas.* Após a passagem anterior, assiste-se ao aparecimento das operações necessárias, que modificam certas variáveis e conservam outras, a título de invariantes. Isso devido ao progresso das coordenações, constituindo-se as operações em sistemas de conjunto ou "estruturas", permitindo composições graças ao jogo de transformações diretas e imersas. Essa capacidade de cooperação é que permite não mais confundir seu próprio ponto de vista com o dos outros, dissociando-os para poder coordená-los. Isso acontece com o sistema de relações que permite a coordenação dos pontos de vista entre si. As invariantes são representadas pela conservação e pela noção de permanência. É nesse período que se constroem as conservações dos comprimentos, das superfícies, dos conjuntos descontínuos, das igualdades de peso e de volume. As operações que antes eram operativas se transformam em operatórias e adquirem propriedades de reversibilidade, transitividade, reciprocidade e mobilidade. Assim se define a operação mental que transforma um estado A em um estado B, deixando pelo menos uma propriedade invariante durante a transformação e com retorno possível de B para A, anulando a transformação, pois essa operação é uma ação interiorizada. Enquanto as operações físicas são exercidas sobre os objetos – dividi-los em partes, colocar, deslocar, reunir as partes, sendo uma constituição em um sistema operatório reversível, mediante a aquisição dos princípios de conservação da substância, do peso e do volume –, as operações espaciais são reagrupadas sob os termos de operações topológicas (relações de vizinhança, de operação, de ordem, de envolvimento e de continuidade), operações projetivas (da mesma natureza e estrutura que as operações topológicas, mas as figuras, formas, posições e distâncias são colocadas em relação a um ponto de vista) e operações euclidianas (paralelas a operações projetivas, mas em lugar de se efetuarem sobre o objeto relativo a um ponto de vista, exprimem as características do objeto relativas ao seu lugar e aos seus deslocamentos).

Ainda nesse primeiro nível de operações concretas assiste-se a três momentos: da abstração refletidora que leva às ligações de encaixamento e de ordem, da coordenação que visa à totalidade e da autorregulação ou equilíbrio que conduz a operar nos dois sentidos (adição e subtração).

e) *Segundo nível do estágio das operações concretas*. Nesse segundo nível se segue uma série de desequilíbrios, sem dúvida análogos funcionalmente àqueles que intervêm desde o início do desenvolvimento, conduzindo a completar estruturas operatórias já construídas e pela primeira vez estáveis, sendo edificadas sobre sua base concreta, constituindo-se em operações sobre operações. Essas operações com propriedades combinatórias se constituirão em operações proposicionais, tornando-se possíveis no terreno da causalidade.

Piaget (ibidem, p.46) chama a atenção para o fato de que esse segundo nível de estágio concreto apresenta uma situação paradoxal:

> Observamos, nível por nível, duas espécies de evolução, estreitamente solidárias: a das operações lógico-matemáticas e a da causalidade, com influência constante das primeiras sobre a segunda do ponto de vista das atribuições de uma forma a um conteúdo e influência recíproca do ponto de vista das facilidades ou resistências que o conteúdo oferece ou opõe à forma. Quanto ao espaço, participa desses dois movimentos ou naturezas, suscitando ao mesmo tempo operações geométricas ou infralógicas do sujeito e propriedades estáticas, cinemáticas e mesmo dinâmicas do objeto, donde seu papel constante de órgão de ligação.

Embora as operações concretas encontrem-se diante de uma situação de prolongamento das precedentes, comportam perfeitamente a novidade que vem a seguir. As operações lógico-matemáticas, incluindo as espaciais, atingem, por suas generalizações e equilíbrio, um estado de extensão e utilização, porém ainda restritas às suas condições de operações concretas.

f) *As operações formais*. Com a construção das estruturas operatórias formais chega-se à terceira grande fase do processo que leva as operações a se libertarem da duração, lembrando que a primeira fase era a da função semiótica, que, com a subjetivação da imitação em imagens e a aquisição da linguagem, permitiu as ações sucessivas em representações simultâneas; a segunda fase é do início das operações concretas que, coordenando as antecipações e retroações, atingem a reversibilidade suscetível de traçar o curso do tempo e garantir a conservação dos pontos de partida; a terceira fase assinala as operações formais, que permitem o conhecimento ser ultrapassado pelo próprio real, inserindo-se no possível, sem mediação do concreto.

Piaget (ibidem, p.48-9) esclarece que:

> Com efeito, a primeira característica das operações formais é a de poder recair sobre hipóteses e não mais apenas sobre objetos.
>
> [...]
>
> Ela, porém, implica uma segunda, não menos essencial: como as hipóteses não são objetos, são proposições e seu conteúdo consiste em operações intraposicionais de classes, relações etc. do que se poderia oferecer à verificação direta; o mesmo se pode dizer das consequências tiradas delas pela via inferencial: por outro lado, a operação dedutiva que leva das hipóteses às suas conclusões não é mais do mesmo tipo, mas é interproposicional e consiste, pois, em uma operação efetuada sobre operações, isto é, uma operação elevada à segunda potência.
>
> [...]

É este poder de formar operações sobre operações que permite ao conhecimento ultrapassar o real e que lhe abre a via indefinida dos possíveis por meio da combinatória, libertando-se então das elaborações por aproximação às quais permanecem submetidas a operações concretas.

É o aparecimento do pensamento formal que caracteriza a inteligência operatória formal, justamente com o raciocínio hipotético-dedutivo, operando sobre um material simbólico e sobre os sistemas de signos convencionais; é a representação de uma representação, de ações possíveis, não mais sobre objetos, mas sobre operações. As operações formais consideram em cada caso todas as combinações possíveis. Como as operações concretas, consistem em classificar, seriar, enumerar etc., mas agora aplicadas às proposições, que já são operações.

Essas características formais dessa terceira fase se apoiam inicialmente em uma observação dos dados da experiência física, para em seguida se apoiar em uma explicação causal, isto é, das operações atribuídas aos objetos. O possível corresponde no plano físico ao virtual, permitindo compreender que as forças continuam a intervir num estado imóvel, ou que em um sistema de diversas forças cada uma conserva sua ação. Piaget (ibidem, p.52-3) explica que:

É na medida em que interiorizam as operações lógico-matemáticas do sujeito, graças às abstrações refletidoras que elaboram operações sobre outras operações e na medida em que é finalmente atingida esta extemporaneidade que caracteriza os conjuntos de transformações possíveis e não mais apenas reais que o mundo físico e seu dinamismo espaciotemporal, englobando o sujeito como uma parte ínfima entre as demais, começa a tornar-se acessível a uma observação objetiva de certas de suas leis e, sobretudo, a explicações causais que forçam o espírito a uma constante descentração na sua conquista dos objetos. Em outros termos, o dúplice movimento de interiorização e de exteriorização que começa desde o nascimento vem a garantir este acordo paradoxal de um pensamento que se liberta enfim da ação material e de um universo que engloba esta última, mas a ultrapassa de todas as partes.

O problema colocado pela epistemologia genética é o de decidir se a gênese das estruturas cognitivas não constitui senão o conjunto das condições de acesso aos conhecimentos ou se ela atinge suas condições constitutivas. Pode-se apresentar uma alternativa: a gênese corresponderá a uma hierarquia ou a uma filiação natural das estruturas.

Ao finalizar sobre a epistemologia genética, Piaget (ibidem, p.53) nos lembra:

> Não há duvida de que os objetos existem e comportam estruturas que existem também independentemente de nós. Apenas os objetos e suas leis não podem ser conhecidos, a não ser graças àquelas de nossas operações que lhes são aplicadas para esse fim, e constituem o quadro do instrumento de assimilação que permite atingi-las.

## EPISTEMOLOGIA DO ESPAÇO

Os estudos de epistemologia genética dedicaram-se, em seu XVII volume, a uma discussão e troca de ideias sobre epistemologia do espaço. Reuniram-se grandes nomes representativos de diversos países e de vários centros universitários, dentre eles destacando-se lógicos, epistemólogos, psicólogos, matemáticos, psicofisiólogos. O resultado foi a publicação de um livro editado pela Press Universitaires de France (PUF), em 1964, organizado por Vinh Bang et al. (1964).

O primeiro capítulo foi escrito por Piaget e trata propriamente da epistemologia do espaço. De início são discutidos três problemas principais da epistemologia genética do espaço, estudando o desenvolvimento das operações espaciais: 1) a natureza da intuição geométrica; 2) as relações entre o espaço físico e o espaço lógico-matemático; e 3) as relações entre as operações espaciais e as operações lógico matemáticas.

1) *A natureza da intuição geométrica.* O problema é colocado se a intuição geométrica é de natureza operatória ou depende da representação imaginada ou ainda, ao mesmo tempo, de ambas. Desse ponto de vista a imagem mental visual desempenha um papel especial no domínio geométrico, pois ela mesma contém um caráter espacial. Sabe-se, no entanto, que a imagem não é senão um símbolo, que representa concretamente os conceitos que ela simboliza. No domínio de classes ou de números, a imagem, no entanto, não é mais símbolo significativo de maneira heterogênea à noção significada. Por isso, quando se questionam sujeitos, mesmo adultos, a imagem aparece como uma série de números inteiros. Ao contrário, quando se pergunta aos mesmos sujeitos sobre a imagem de um quadrado ou segmento de uma reta, todos imaginam uma figura espacial, dessa forma a imagem significante se relacionando ao elemento do significado.

Em outras palavras: a intuição geométrica é de natureza principalmente operatória e se acompanha da representação imaginada, mais ou menos adequada, em virtude da homogeneidade espacial do espaço que existe entre os significantes simbólicos visuais e os significados espaciais.

2) *As relações entre o espaço físico e o espaço lógico-matemático.* Uma vez atingido seu estado de equilíbrio, isto é, a partir dos níveis operatórios, os conhecimentos lógico-matemáticos e físicos são relativamente fáceis de distinguir pelo fato de que os primeiros procedem por composição exclusivamente operatória ou dedutiva, enquanto os segundos recorrem à experiência.

Em primeiro lugar, a experiência física se dá sobre os próprios objetos e procede por abstração a partir dos objetos como tais; por exemplo, o peso de um objeto menos volumoso pode ser superior ao de um segundo objeto mais volumoso.

Ao contrário, a experiência lógico-matemática se dá sobre as ações exercidas sobre os objetos e procede por abstração a partir das ações ou das propriedades que as ações introduziram no objeto. O exemplo aqui é o de se constatar que 2 + 3 = 3 + 2. Não importa a ordem imposta, ou seja, há permuta da ordem.

Em segundo lugar, a abstração física pode ser simples no sentido de que, apesar dos conteúdos tirados do objeto, ela continua ligada durante as diversas manipulações operatórias possíveis. O mesmo não acontece com a abstração lógico-matemática em relação às propriedades das ações que são construções muito lentas e muito trabalhosas. Essa abstração é refletidora e construtiva.

As estruturas espaciais, por sua vez, resultam dos dois tipos de experiência: física e lógico-matemática. Isso porque a imagem visual desempenha um papel privilegiado na intuição geométrica, e assim os dois tipos de abstração simples e refletidora estão presentes.

3) *As operações entre as operações espaciais e as operações lógico-matemáticas.* As operações espaciais são isoformas a operações lógico-matemáticas e a especificidade das primeiras se reduz à intervenção de vizinhança ou de continuidade. Posto que a geometria, muitas vezes, é entendida como aplicação ao mundo da percepção e que as operações geométricas não se confundem com as operações numéricas ou algébricas, tudo indica que as operações espaciais são simplesmente operações lógico-matemáticas aplicadas ao espaço. De maneira geral, podem-se caracterizar as operações espaciais pela sua escala, tendo por limite superior um objeto (uma figura, um plano, um espaço em sua totalidade) que se pode decompor em partes, que podem se reatar de diversas maneiras. São aqui denominadas operações infralógicas, referentes às suas escalas, entendidas que se apresentam isomorfas às operações lógico-aritméticas, não se distinguindo em nada do ponto de vista formal, mas de escala inferior.

## ESTRUTURAS ESPACIAIS

Ao se proceder à análise espacial, pode-se adotar o aspecto figurativo do espaço, chegando-se a uma análise intrafigurativa que leva às operações infralógicas ou a uma análise interfigurativa que leva às operações lógicas, lembrando sempre que as primeiras são isomorfas às segundas. Talvez o aspecto mais importante, mais fundamental em se tratando de análise intrafigurativa, é o de apresentar continuidade, sob o aspecto espaçotemporal, pois a representação é um contínuo das operações concretas, seguidas de interiorizadas.

Do ponto de vista espacial, a análise infralógica comporta as noções de vizinhança, de separação, de envolvimento e de ordem. Deixando de lado esta última, as três primeiras apresentam certas ambiguidades. Podem-se indicar certas distinções quando se tratam como relações. A relação de vizinhança se refere a elementos que são vizinhos, enquanto a relação de separação indica que os elementos estão separados. Dois elementos podem ser vizinhos e não separados ou vizinhos e separados, sendo a separação uma coisa e a vizinhança, outra, pois exprime simplesmente outra qualidade que pode ser distinguida ao se proceder à análise infralógica. Ao passo que a noção de ordem, isto é, a ordem espacial, linear ou cíclica, apresenta dificuldades consideráveis, que exigem coordenação de vários elementos, como: vizinhança, transposição, trajetos, reconstrução, compreendendo os termos *entre* e emparelhamento. A ordem espacial tem uma dupla origem: de um lado está presa à continuidade pela intervenção da atividade intrafigurativa, e de outro deve-se a certos aspectos das atividades interfigurativas. São seus caracteres distintivos: interior, exterior, sobre, tanto em nível perceptivo como em representativo, sendo às vezes difícil de explicar os fenômenos de envolvimento e de cercadura e os derivados de separação.

As noções de medida e de quantidade são fundamentais para construir as estruturas espaciais, resultantes de um conjunto de operações intrafigurativas. Isso posto, sabe-se que a divisão de um intervalo vazio, isto é, a partição de uma distância em oposição do comprimento, é um problema da epistemologia do espacial. Há um deslocamento apreciável entre as duas operações, e, mais, a atividade do pensamento que constitui o contínuo procede de dois pontos complementares: separação e pontos de vista constituídos pela partição do comprimento e da distância.

## REPRESENTAÇÕES ESPACIAIS

O espaço representativo procede de uma construção progressiva de relações espaciais em dois planos bem distintos: perceptivo ou sensório-motor e representativo ou intelectual.

Piaget e Inhelder (1993, p.17-18) em sua clássica obra datada e reeditada na década de 1980 apontam que:

> Na realidade, desde o início da existência constrói-se efetivamente um espaço sensório-motor ligado, ao mesmo tempo, aos progressos da percepção e da motricidade e cujo desenvolvimento adquire uma grande extensão até o momento da aparição simultânea da linguagem e da representação figurada, isto é, da função simbólica em geral. [...] o espaço representativo, cujos inícios coincidem com a imagem e o pensamento intuitivo, contemporâneos da aparição da linguagem. [...] a representação é, em consequência, obrigada a reconstituir o espaço a partir das intuições mais elementares, tais como as relações topológicas.

As relações espaciais topológicas são vizinhança ou proximidade, separação, ordem, envolvimento e continuidade.

A primeira relação espacial mais elementar é a da vizinhança, a partir da estrutura perceptiva da proximidade dos elementos. Uma segunda relação é a da separação, que consiste em dissociar os elementos ou, pelo menos, distingui-los. Cabe lembrar sempre que as relações de separação e de vizinhança não devem ser divergentes. Outra relação espacial essencial é aquela que se estabelece ao mesmo tempo entre vizinhos e separados. Quando distribuídos em sequência, constituindo-se na relação de ordem ou de sucessão espacial, surge a relação de simetria. A quarta relação espacial topológica é de envolvimento ou de circunscrição. Finalmente, aparece uma relação de continuidade comportando um conjunto espacial contínuo.

Para completar essas noções sobre as relações espaciais, convém não esquecer-se de que:

> A percepção é o conhecimento dos objetos resultantes de um contato direto com eles. A representação consiste, ao contrário – seja ao evocar objeto em sua ausência, seja quando duplica a percepção em sua presença –, em completar seu conhecimento perceptivo. [...] Se a representação em um sentido prolonga a percepção, ela também introduz um elemento novo, que lhe é irredutível: um sistema de significações que comporta uma diferenciação entre o significante e o significado. (ibidem, p.32)

As relações espaciais projetivas e euclidianas prendem-se ao modo de coordenação das figuras entre si, pois as relações topológicas constituem-se aos poucos nos elementos de uma mesma figura em uma figura estruturada. As estruturas projetivas e euclidianas são mais complexas e aparecem mais tardiamente, pois implicam a conservação das retas e dos ângulos, curvas, distâncias, transformações. Esse espaço projetivo se inicia quando o objeto ou sua figura deixa de ser considerado em si mesmo, tornando-se relativo a um ponto de vista. Esse ponto de vista do sujeito é que intervém na relação de perspectiva ou ponto de vista de outros objetos sobre os quais se encontra projetado. As relações projetivas supõem uma coordenação entre objetos espaciais distintos.

A passagem do espaço projetivo ao espaço euclidiano implica uma correspondência relacional: os dois derivam, e independentemente um do outro, do espaço topológico, podendo-se construir entre esses espaços uma série de termos de passagem pela afinidade e semelhança. Enquanto as afinidades conservam as paralelas, as semelhanças conservam os ângulos e os movimentos são semelhanças que conservam a distância, passando-se assim ao deslocamento, em suma por uma série de transições ou de especificações sucessivas.

Em resumo, constata-se que as relações espaciais elementares de caráter topológico se apoiam no próprio objeto e em suas propriedades estabelecidas pouco a pouco. Ao passo que as relações espaciais projetivas são engendradas e ligadas às anteriores a partir de pontos de vista, surgindo como coordenação dos objetos. Enfim, as relações espaciais euclidianas constituem-se em sistemas de coordenada que fazem a transição entre as noções projetivas e as noções métricas mediante o paralelismo e as proporções (semelhanças), que se tornam essenciais à construção do espaço.

## EPISTEMOLOGIA DO ESPAÇO GEOGRÁFICO

> *Em suma, a ciência é um dos testemunhos mais irrefutáveis da existência essencialmente progressiva do ser pensante. O ser pensante pensa um pensamento cognoscente. Ele não pensa uma existência.*
>
> (Bachelard, 1983, p.19)

Trata-se a epistemologia considerando-a parte da filosofia que estuda a história, o método e os princípios das ciências. Para nós, a filosofia, segundo Hessen (1987, p.15), é "a tentativa do espirito humano para chegar a uma concepção do universo por meio da autorreflexão sobre as suas funções e dar valor às reflexões teóricas e práticas". Por conseguinte, a filosofia é a teoria do conhecimento científico. A epistemologia não se confunde com teoria do conhecimento. Enquanto teoria (do conhecimento) é uma explicação das relações que se estabelecem entre sujeito e objeto. Essa relação é uma correlação, porque o sujeito só é sujeito para um objeto, e o objeto só é objeto para um sujeito, não sendo uma correlação reversível. Enquanto a função do sujeito consiste em apreender o objeto, a do objeto é ser apreendido pelo sujeito. Convém reafirmar que o conhecimento humano compreende três elementos: sujeito (esfera psicológica), objeto (esfera ontológica) e imagem (esfera lógica). Lembramos que a imagem do objeto no sujeito é uma entidade lógica. Assim sendo, a teoria do conhecimento científico lida com as três esferas em conjunto. Daí não ser do interesse apenas da psicologia ou da ontologia, ou então da lógica, mas das três ciências, tornando-se uma filosofia da ciência.

Portanto, não se pode confundir ou simplesmente usar como sinônimos epistemologia e teoria do conhecimento, apesar de ambas apresentarem os problemas imbricados.

Faremos um parêntese, necessário para nossa reflexão posterior sobre a epistemologia do espaço e em particular geográfico, sobre a noção de pensamento.

O pensamento humano compreende forma e conteúdo, podendo se referir a um número infinito de *conteúdos* (matérias), mas se expressa em *formas* relativamente pouco numerosas, não sendo possível forma sem conteúdo, nem conteúdo sem forma. Ambos se completam e se ajustam: conteúdo cria forma e forma dá o cunho lógico do conteúdo. Sabemos que são as formas que conferem ao pensamento um caráter fixo e normal, apesar dos variadíssimos conteúdos; são os elementos permanentes no fluxo, o ponto de pausa no movimento, do pensamento. O conteúdo (matéria) é sobre o que se pensa, ao passo que é pela forma que o pensamento se converte em nossa propriedade intelectual.

Por isso, reconhecemos, aqui, que a *epistemologia* se preocupa com as suposições gerais do conhecimento que as disciplinas científicas não investigam, isto é, as suposições de caráter material. Por outro lado, a *lógica* se preocupa com as suposições do pensamento de caráter formal. Como, de que forma pensamos? É o estudo das leis do pensamento. Ainda mais, a *psicologia* estuda a origem e o desenvolvimento do pensamento. O que acontece em nós quando pensamos? E a *linguística* estuda a estrutura da linguagem. Pois há tantas gramáticas quanto línguas, porém uma só lógica; as formas do pensamento continuam sendo as mesmas, qualquer que seja o idioma, a língua que se expressa. Lembramos, ainda, que a língua é adquirida, é convencional, sendo as palavras suporte ou mediadoras do pensamento quando conversamos com os demais. A linguagem é a capacidade natural de articular, assim expressando por significado (substância e forma de conteúdo), significante (expressão, imagem) e signo (relação que une o significado ao significante, sendo arbitrário).

Outro ponto a considerar é sobre o pensamento científico, ressaltando que suas finalidades precípuas são: investigar metodicamente seus objetivos e fundamentar os resultados da investigação de maneira suficiente em suas conexões. As formas do pensamento científico são duas: a dedução, que é a operação mental (inferência, argumento ou raciocínio) que vai dos princípios para uma consequência logicamente necessária, e a indução, que é a operação mental que vai dos fatos, de um certo número de observações ou experiências a uma proposição geral, à lei. Dedução e indução não se opõem, são direções da reflexão, sendo que todo o pensar implica esse duplo movimento.

Quanto aos procedimentos da investigação científica, são baseados em conceitos e juízos anteriores submetidos à reflexão crítica, partindo sempre de uma ordenação sistemática dos objetos. São os da experiência que podem variar, e do pensamento, que permanecem constantes. Os procedimentos podem partir da análise ou da síntese, que se completam.

Como seria o *pensamento geográfico*? Como não poderia deixar de ser, é solidário com todo o pensamento científico. Apresenta-se com as seguintes características principais: *fatual*, parte dos fatos, descrevendo-os como são, usando dados empíricos, modificando mediante operações mentais, desviando-se dos erros; *transcende* os fatos, procurando produzi-los e explicar exprimindo a realidade, duvidando dos enunciados sugeridos e procurando predizer os acontecimentos; *analítico*, pois aborda os problemas um de cada vez, procurando decompor os elementos, lembrando sempre que os problemas e consequentemente as conclusões são parciais e que os elementos se apresentam interdependentes; *clareza* e *precisão* levariam à formulação precisa da questão e à clareza dos resultados mediante mediação e registro dos fatos; *especializado*, recordando sempre que todo pensamento é empírico e racional, dedutivo e indutivo, e os campos do saber são interdisciplinares; *comunicável*, sendo a comunicabilidade condição necessária, devendo ser expressível e pública; *verificável*, ora o pensamento geográfico deve ser posto à prova, procurando sempre o objetivo; *metódico* é planejado, não excluindo o acaso, mas esse deve ser previsto e controlável; *sistemático*, compreendendo um sistema de ideias conexas logicamente entre si; *geral*, situando os fatos simples em contextos gerais e os enunciados particulares em esquemas amplos; *legal*, buscando leis, tanto naturais como culturais, procurando aplicá-las; *explicativo*, procurando explicar os fatos em termos de leis e essas em termos de princípios; *preditivo*, transcendendo à massa dos fatos da experiência, supondo como pode ter sido o passado e como poderá ser o futuro; *aberto* e, portanto, *a priori* não reconhece barreiras porque é factível e consequentemente capaz de progredir, e talvez o mais difícil e *útil* ao procurar a verdade, como consequência de sua objetividade, deve-se ter uma atitude livre diante dos fatos, compreender e controlar a natureza, propor modelos, fazer investigação e procurar compreender o fundamento da tecnologia.

Após o parêntese, voltamos a nossa reflexão sobre a epistemologia do espaço geográfico. Porém, para tanto se faz necessário colocar alguns pontos sobre a natureza do espaço, que é ao mesmo tempo *ontológica*, pois é um objeto, um ser, uma coisa, uma categoria independente ou contínua, imbricado num todo espaço-tempo; *epistemológica* sendo um conteúdo, possuindo propriedades próprias; *psicológica*, é uma construção, um processo, exigindo participação efetiva do sujeito; e *lógica*, ora o espaço é uma relação, um sistema de referências e um sistema sociocultural, geográfico e histórico.

No mundo ocidental, o pensamento conceitual sobre o espaço assumiu várias posições, diferindo nas diversas épocas históricas. Desde a Antiguidade o espaço foi considerado uma categoria absoluta, confundindo-se com a noção teológica de Deus. A visão de mundo se confundia com a do espaço. Isso até o aparecimento de geometrias não euclidianas, que passaram a equacionar o espaço de maneira não apenas métrica, mas também topológica e relativa. Com a proposição da teoria da relatividade, o espaço incorporou o tempo, além das outras dimensões (ponto, linha, área e volume). Essa foi outra revolução na ciência, permitindo um grande salto para o progresso.

São vários os tipos de espaço: matemático (mensurável, representativo, geometrias); o ideal; o físico (objetivo, representado); o real, constituído por objetos; o relativo ao processo espaço-tempo; o psicológico (construído, individual e coletivo) com objetos com significados e simbólicos; o social (condição de sobrevivência e de poder, recurso e símbolo de prestígio, representa dependência e liberdade, é um espaço vital, não sendo isomórfico ao espaço físico); e o geográfico: não é apenas euclidiano, mas também topológico, compreendendo a superfície da Terra, representado pelo território e pela cultura, é absoluto, mas, também e principalmente, relativo e relacional.

A noção de espaço implica uma conceituação com um elemento teórico e um prático. Enquanto o elemento teórico do espaço é um conceito que possui substância (ser independente), propriedades (estados e alterações), relação (entre os objetos) e representação (das relações), o elemento prático é a vivência de espaço, espaço vivido para sobrevivência, relacionamento, atividades, apreciação cultural e organização. O desenvolvimento da noção de espaço varia entre as idades (crianças, adolescentes, adultos e idosos), entre as culturas (sociedades pré-industriais e industriais) e entre as classes sociais (riqueza e pobreza). Assim sendo, há maneiras de pensar o espaço: absoluto como uma coisa em si mesma, sua existência é independente da matéria; relativo: relação entre os objetos, dependente da matéria; e o relacional como estando contido em objetos, considerando que um objeto existe na medida em que contém e representa dentro de si as relações com outros objetos. Em resumo, o espaço geográfico não é nem absoluto nem relativo ou relacional em si mesmo, mas pode transformar-se em um ou em outro, dependendo das circunstâncias. O problema do espaço é resolvido mediante a prática da vivência em relação a ele mesmo.

A linguagem espacial compreende as diversas geometrias. No caso da geografia temos lançado mão, quase que exclusivamente, da geometria euclidiana e da projetiva. Pouco temos utilizado das propriedades topológicas. Somente agora, com a geografia humanista, é que "descobrimos" a topologia, usando-a para representar principalmente o espaço vivido, cotidiano, de nossas atividades e de nossas vivências.

O conceito básico em geografia pode ser afirmado como sendo o espaço. Empregamos o espaço absoluto quando aplicamos as coordenadas geográficas, com uma métrica euclidiana ou com as perspectivas da projetiva. Ao tratarmos do espaço relativo, lançamos mão de localização, distância, pontos de vista relativos. E usamos o espaço relacional quando lidamos com a prática social humana como espaço interligado com forma e processo.

Falta considerar a representação do espaço. Para a geografia a representação do espaço é tão importante do ponto de vista epistemológico quanto a construção de mapas e o mapeamento da superfície da Terra.

## ALGUMAS CONSIDERAÇÕES SOBRE A CONSTRUÇÃO DO ESPAÇO E SUAS RELAÇÕES

A construção do espaço é engendrada em vários planos: perceptivo, cognitivo e representativo, sempre solidário com e inerente a todo desenvolvimento mental, tanto sensório-motor quanto afetivo e social. Reafirmamos que o espaço perceptivo é sensório-motor, prático e vivenciado, implicando locomoção e intuição. *Percebemos* o espaço em suas dimensões física, social, cultural, geográfica. O espaço cognitivo é inteligível, operatório, lógico e hipotético, propiciando a generalização e permitindo a inteligência. *Concebemos* o espaço em suas propriedades e transformações. O espaço representativo, por sua vez, é simbólico e geométrico, implicando mapeamento e mensuração, imbricando-se com a imagem mental, com a representação mental e gráfica. *Representamos* o espaço como processo e como reconstrução.

Essas reflexões espaciais e epistemológicas tiveram a pretensão de tecer considerações sobre o espaço geográfico, porém foram mais questões levantadas do que respondidas.

## À GUISA DE CONCLUSÕES

Todas as colocações defendidas por Piaget e seus colaboradores não foram apresentadas como conclusivas a respeito da epistemologia do espaço, mas como trocas de ideias e proposições reflexivas.

Quanto à epistemologia do espaço geográfico, ainda está à espera do aparecimento de um epistemólogo com base sólida geográfica e com conhecimento profundo de filosofia. Como o campo de ação da geografia é de caráter horizontal, pois é espacial, o intelectual que se dedicar a esse mister terá que ter uma visão ampla, com laivos de interdisciplinaridade. Talvez agora que os geógrafos perderam sua garra de questionar, de polemizar, teremos possibilidades, com mais calma, com mais isenção, para tratar da "nossa" epistemologia. Talvez a reunião de geógrafos e filósofos, em *petit comité*, possa esclarecer pontos básicos e fundamentais.

Esta foi minha contribuição para nosso problema epistemológico geográfico: não levantar barreiras entre a geografia e outras ciências, mas procurar pontos de convergência entre o saber científico e o saber geográfico.

Terminamos com as palavras de Vuyk (1985, p.572):

> *Como los paradigmas, concepciones acerca del mundo, no son verdaderos ni falsos. Sino más o menos útiles para nuestra concepción de la realidad, sería posible hacer uso de los dos.*

# 3
# O HUMANISMO NA GEOGRAFIA
## A CONTRIBUIÇÃO BRASILEIRA

Sempre é necessário que a academia regularmente se reúna para discutir e trocar ideias sobre História do Pensamento Geográfico. Fazer um balanço sobre as direções e as perspectivas, como estão caminhando as pesquisas e as metodologias da ciência.

Minhas palavras assumem aqui o testemunho de meus oitenta anos de vida. É um pensar alto, um olhar para trás, a esperança de um olhar para a frente.

Assim colocado, estas são as minhas ponderações sobre ciência, sobre geografia e as contribuições brasileiras para a Geografia Humanista.

### PONDERAÇÕES SOBRE CIÊNCIA

A busca de respostas para os problemas da atualidade é premente e necessária. A ciência nos acenou, durante décadas, com a possibilidade de resolução dos nossos problemas. Foram propostas novas teorias e outras técnicas de pesquisa, mediante a descrição e a explicação, procurando a compreensão do mundo, da vida, e desenvolvendo modelos de simulação e de modelagem. Os instrumentos para ampliar a acuidade humana foram inventados. Por um lado, foi possível "ver" o universo com poderosos telescópios, atingindo quase o infinito; por outro, pudemos "ver" o minúsculo e o "invisível" a olho nu. Os microscópios eletrônicos nos permitiram "ver" os vírus e os átomos. Ainda mais, medimos e representamos todas as partes deste planeta. Escalamos as montanhas mais altas e penetramos nas águas profundas dos oceanos. Chegamos à Lua, estamos explorando outros planetas e outras galáxias.

Todos esses avanços revelam o progresso tecnológico, resultado da ciência. Consequência das posições assumidas pelo poder dos cientistas mediante a postura da aceitação, sem restrição: da Razão e do Método. A linguagem matemática nos permitiu uma comunicação, nunca antes atingida, entre as diversas disciplinas científicas. Umas ajudando às outras a avançarem seus conhecimentos, a produzirem mais e mais, levando cada vez mais a um aumento populacional, nunca antes possível, atingido, procurando atender o mercado. Essa variável que não representava um peso, atualmente interfere em todas as esferas terrestres. Desde a Revolução Industrial, pode-se considerar iniciada uma nova era geológica, que sucederia o Holoceno, já denominada pelos geólogos e aceita por muitos cientistas com a denominação de Antropoceno. O argumento é de que a influência humana se tornou presente de maneira inquestionável. Nós mesmos em Geografia e demais disciplinas científicas estamos atribuindo cada vez mais à ação antrópica o aquecimento global. Esse é um modificador do planeta. O mais grave é que essa ação antrópica não está sendo controlada, pois as lutas entre os grupos de poder não acertam os seus relógios para a direção que deve ser tomada. Podemos, agora, prever os resultados dessa ação descontrolada. Porém, as populações não se sentem capazes de tomar decisões, preocupadas com o aqui e agora, não com o futuro, nem mesmo próximo, quanto mais imaginar o distante.

Esse excesso de poder obtido pela ciência e tecnologia levou a desencadear bombas atômicas, podendo dar um fim à própria humanidade. A valorização das ciências exatas, o exagero e abuso da quantificação e as cegas e conflitantes ideologias nos desembarcaram em um "admirável mundo novo", que não temos soluções até o momento e estamos perplexos com essa realidade que é muito mais real do que virtual. Nossa crise não é simplesmente científica ou tecnológica; a meu ver, é uma crise de moral. Perdemos nossos valores e, todavia, não equacionamos ainda como enfrentar essa vicissitude que se apresenta neste século XXI.

Nosso olhar para as nossas sérias mazelas estão se dirigindo a uma nova razão, nos descortinando um novo olhar do conhecimento, enfim um novo humanismo. Eivado esse de afetividade, de humanidade, porque não dizer de humildade diante da natureza.

## PONDERAÇÕES SOBRE GEOGRAFIA

A busca de novas respostas a questões velhas é a tentativa de se encontrar meios e explicações na resolução de problemas com que defrontamos no momento. A procura de nossa identidade geográfica sempre nos acompanhou em nossa caminhada histórica e científica. Nossas preocupações se pautaram sempre pelo espaço e pelo tempo: com os lugares próximos e remotos, experienciados por meio das relações espaciais estabelecidas com a natureza e com a sociedade.

A abordagem usada pela geografia foi sempre dicotômica. Quanto ao objeto era duplo: Geografia Física e Humana. Consequentemente, o método também era duo: Geral e Regional, e nosso campo de ação também era o mundo e o particular. Essa dicotomia perdurou séculos e dificultou nosso avanço científico. A começar pelos próprios geógrafos. Brigávamos constantemente em nossos Encontros. Cada grupo afirmando que a geografia era uma ciência física, natural, e o outro dizendo que era uma ciência social, humana. Esqueciam, uns e outros, o essencial, perdiam-se nas ramas e nos galhos sem verem a floresta, o que era o quadro básico, dinâmico e relevante.

O mesmo aconteceu com as teorias que surgiram em nossa história. Eram todas excludentes, intransigentes, se consideravam verdadeiras e completas. Não vou aqui lembrar as nossas brigas e desavenças em palavras e atos. O que espero é colocar a geografia em seu devido lugar.

Atualmente, aceitamos a geografia com dupla face: Geral e Regional, formando um todo. O conhecimento geográfico, como o histórico, é fundamental em todas as sociedades, foi e será sempre em todos os tempos e lugares. Essa é a nossa realidade. Para qualquer galáxia que o homem for, terá necessidade da geografia e da história. Daqui milhares de anos a geografia sempre estará presente com o homem.

Precisamos aceitar essa realidade e explorar o que temos de originalidade, de autenticidade, e por que não dizer de beleza intrínseca? Nossa horizontalidade não é um defeito, ao contrário, é uma vantagem, um *plus* em nosso conhecimento. Os nossos limites são infindos, tocamos e nos limitamos com todas as disciplinas científicas. Isso é a *geograficidade*, termo relativamente recente integrado em nosso vocabulário: é a religação homem-terra, material-imaterial (Dardel, 2011); é o elo geográfico de nossa experiência telúrica. Em outras palavras, é uma consciência do lugar, em relação holística do ser-no-mundo, é a consciência de sua condição humana, é a procura de se libertar de uma existência limitada apenas ao plano da técnica, da racionalidade da simples demonstração. É o reencontro do homem como homem, não como máquina. É a saída da camisa de força em que temos colocada a geografia, ficando presa aos modismos, ao momentâneo e ao particular. Coerentemente, é o adotar múltiplos caminhos, entrelaçando os fios e ousando pensar em mundos novos, novas técnicas, novas teorias; enfim, novas possibilidades.

Essas reflexões têm nos levado a uma retomada dos estudos sobre o lugar e a paisagem, desde a região, incluindo o território. Tomamos consciência que lidamos cientificamente com o espaço terrestre em suas "n" dimensões. Valorizamos, por conseguinte, a identificação de lugares onde vivemos, esperamos, sentimos e nos perpetuamos. Conhecemos o lugar como a fusão entre a ordem dos atributos físicos e dos humanos, que lhes conferimos. Fusão íntima e necessária gerando a concepção do "espírito do lugar", que nos remete à noção reveladora de que por enquanto habitamos "uma terra somente". Planeta, este, constituído de lugares pessoais e comunitários.

Chamo a atenção para a retomada da noção de paisagem, que hoje está sendo repensada em outro patamar, com um novo olhar. Hoje, aceitamos que somos um elemento da paisagem, parte integrante e indissociável do todo. A paisagem nos envolve profunda e afetivamente, deixando marcas indeléveis nos nossos estudos.

É um pensar que nos permite outro viés, outra abordagem sobre o tema da paisagem geográfica. Devemos estar sempre abertos a inovações superando idiossincrasias e preconceitos.

## CONTRIBUIÇÕES BRASILEIRAS AO HUMANISMO NA GEOGRAFIA

Uma leitura humanista da geografia implica a adoção de certos valores epistemológicos, psicológicos, ontológicos e, por que não dizer, fenomenológicos.

Os estudos relacionados ao Humanismo em geografia já datam, no Brasil, de meados da década de 1970. Primeiramente relacionados aos estudos de Percepção do Meio Ambiente, esses estudos têm se difundido no país promovendo estudos em diferentes temas relacionados. Nos Estados Unidos, onde esses estudos foram sistematizados e promovidos, encontramos raízes na década de 1940, embora não como um grupo. Esse se tornou mais evidente a partir dos anos 1960, quando geógrafos como Yi-Fu Tuan, Anne Buttimer, David Lowenthal, David Ley, J. Nicholas Entrikin e Edward Relph, entre outros, passaram a publicar e refletir de uma maneira nova sobre as relações humanas com o ambiente. Os sentidos, as afetividades, a experiência e a relação existencial nos lugares se tornou central nas preocupações desses geógrafos, expressando uma nova forma de Humanismo ou uma forma contemporânea dele. Esse Humanismo tinha como base, principalmente, a fenomenologia existencialista, embora outras filosofias do espírito e a própria psicologia também estivessem nas bases dessa releitura da teoria geográfica.

O Humanismo em geografia sempre esteve na vanguarda da crítica e negação das tiranias acadêmicas, como o cientificismo, o positivismo e o economicismo, apregoando como valor para a ciência o homem em sua condição humana, tanto como indivíduo (Ser), quanto como coletividade (Cultura). Por esse caminho, a geografia se abre para as humanidades, as artes e uma perspectiva humana e social da relação homem-meio e sociedade-natureza. Os valores éticos da preservação do ambiente e da justiça social são requalificados enquanto valores humanistas, que só fazem sentido de ser na medida em que estão sintonizados com uma visão holística e abrangente do homem e do mundo.

Por outro lado, as últimas décadas assistiram a uma guinada espacial nas ciências sociais, que trouxe renovada atenção à geografia. As questões sobre o lugar, a paisagem, o território, a região e o espaço estão no centro das discussões sobre o mundo contemporâneo. Seja em termos políticos e econômicos, sejam em culturais, a dimensão espacial dos fenômenos e seu significado é uma das questões mais prementes desde os estudos urbanos, ambientais, culturais e políticos.

Porém, embora consolidada em muitos países e nitidamente fundamental para a reflexão sobre a sociedade, o espaço e o ambiente, o Humanismo em geografia ainda carece de maior difusão no Brasil. Ele representa uma parte essencial do pensamento sobre o espaço e o homem, mas ainda é marginalmente conhecido tanto entre geógrafos quanto entre outros cientistas. A fenomenologia, enquanto base filosófica, juntamente com os estudos de Percepção do Meio Ambiente, são as duas principais interfaces desses estudos com outras áreas de interesse, o que justifica a importância e abrangência deste Encontro em termos de alcance e interesse de uma ampla gama de pesquisadores e docentes, estreitando assim os laços interdisciplinares.

Os estudos humanistas têm sido marcados pela interdisciplinaridade, envolvendo arquitetos, historiadores, psicólogos, educadores, filósofos, literatos, antropólogos e outros estudiosos que se interessam tanto pela dimensão humana do ambiente quanto pela dimensão espacial e simbólica da sociedade e do homem. Tendo sido aplicados principalmente nos temas urbano, ambiental, do turismo e da educação, envolvendo assim profissionais de várias áreas do conhecimento. Todos os interessados na relação sociedade-natureza têm convergido para essas discussões, desde as preocupações com as paisagens e lugares, passando pelos estudos turísticos, até aqueles que se ocupam da dimensão dos valores, da percepção e da experiência humana do espaço, vindo ao encontro do interesse da academia.

Nesta oportunidade esperamos estreitar os laços interdisciplinares dos estudos humanistas e debater as interfaces entre humanismo, cultura, literatura, meio ambiente e cidade. Além disso, discutir, trocar ideias, traçar o estado da arte dos estudos humanistas no Brasil e promover a reflexão epistemológica sobre os fundamentos e suas relações. Também divulgar a trajetória da Geografia Humanista, aqui entre nós.

Desde os anos 1970, quando entramos em contato com autores e suas posições, temos trabalhado na direção de divulgar essa riqueza da diversidade e multiplicidade da abordagem. Iniciamos nossos estudos com Piaget, que mostrou o mundo rico da psicologia e e da epistemologia genéticas, e suas implicações para a metodologia do ensino da Geografia. A seguir, deparamos com a obra de Yi-Fu Tuan, geógrafo humanista com inúmeros livros e artigos. Daí em diante, foi de descoberta em descoberta.

Ao mesmo tempo começamos nossas orientações em pesquisa com percepção, cognição e representação aplicadas para o ensino e para a paisagem. Formamos um grupo de estudos em Rio Claro (SP), que a partir daí se irradiou para todos os cantos do Brasil.

Foram os mestres e doutores por nós formados que disseminaram e reproduziram nossas ideias, ampliando-as com suas contribuições. Ideias que foram se avolumando, expandindo fronteiras, explorando alternativas até chegarmos neste Encontro.

Porém, queremos deixar nomes, lugares e momentos especiais.

Em primeiro lugar, em destaque, a discípula Lucy Machado, com sua tese sobre a percepção da paisagem da Serra do Mar (Machado, 1988a); o nome de Lineu Bley, com os estudos do centro de Curitiba e da didade de Morretes (Bley, 1982; 1990); o de Solange Lima Guimarães, sobre a percepção geográfica do sertão roseano (Lima, 1990); com as arquitetas Rosio Fernandez (de Bauru), Paula Landim e Cléia Castro, com suas inquietações urbanas (Salcedo, 1995; Landim, 1994; Castro, 2007); com a colega e amiga Marlene Colesanti, de Uberlândia, com estudo sobre o Parque Sabiá (Colesanti, 1995); com Herbe Xavier, da PUC-Minas, sobre a preocupação dos deslizamentos em áreas de risco em Belo Horizonte (Xavier, 1996); com Gilda Cabral, sobre as erosões no interior gaúcho (Benaduce, 1983); com Mirna Vieira (1997), que nos conduziu aos interesses para os lados do turismo, assim como a "minha neta" postiça, Renata Barrocas (2005), nos mostrou o turismo de aventura em Brotas.

Não bastassem esses novos campos, fizemos incursões na literatura, com Vernaide Wanderley (1997), descobrindo o mundo encantado de *A pedra do reino*, de Ariano Suassuna, e, mais recentemente, vivendo as agruras de *Morte e vida Severina*, de João Cabral de Melo Neto, com nossa mestra, Janaina Alencar Mota e Silva (Marandola, 2007).

Talvez, o marco pode ser atribuído ao encontro com Vicente Del Rio, na organização do livro *Percepção ambiental: a experiência brasileira* (Del Rio; Oliveira, 1996). Essa coletânea revelou as nossas inquietações e as nossas posições diante do meio ambiente.

Não poderia deixar de lado nosso início de pesquisa e de ensino que é ainda a Didática da Geografia. Foi daqui que partimos para as reflexões. Foi a preocupação de como as crianças aprendiam e compreendiam a Geografia. Portanto, orientamos nesse campo fundamental as pesquisas de Jandira Cecchet (1982), Maria Tereza Souza Cruz (1982), Lucila Goes (1982) e Marlene Colesanti (1984), que trabalharam a problemática da didática da Geografia.

Não podemos deixar de lado nossa contribuição pioneira para a Cartografia Escolar, com nossa tese de livre-docência sobre um estudo cognitivo do mapa (Oliveira, 1977b) e a subsequente tese de Valéria Aguiar (1996) sobre o Atlas Escolar e de Ismail Barra Nova (Melo, 2007) com a preocupação com o ensino superior da Cartografia Escolar.

Talvez tenhamos esquecido alguém, não por importância menor, mas devido a nossa idade que já não lembra de todos e de tudo.

Neste final, queremos salientar nomes que se destacaram nessa arrancada humanista da geografia: Oswaldo Bueno Amorim, Yoshiya N. Ferreira, Maria Elaine Kohlsdorf, Ligia Poltronieri, Carlos Augusto Monteiro, Rosângela Doin de Almeida, Tomoko Paganelli. Queremos ressaltar o nome de Eduardo Marandola Jr., que por feliz e produtivo encontro nos conhecemos em Londrina, acertamos nossos ponteiros e as nossas bússolas e saímos por aí afora procurando respostas e descobrindo explicações epistemológicas e psicológicas para nossa Geografia Humanista.

# PARTE II
# PERCEPÇÃO E COGNIÇÃO DO MEIO AMBIENTE

# 4
# PANORAMA DOS ESTUDOS DE GEOGRAFIA E PERCEPÇÃO DO MEIO AMBIENTE

*Uma explicação geral e completa da mente e de sua relação com o cérebro e a cultura é a única maneira de tentar enfrentar essa época de ignorância e magia, contrapondo-lhe alguma razão e discernimento. Não apenas porque a verdade deve sempre prevalecer, mas, sobretudo porque a verdade científica, ainda que provisória e imperfeita, é uma das únicas salvaguardas contra a tirania da desrazão.*

(Del Nero, 1997, p.18)

Na década de 1970, após ser lançado o livro *Topofilia*, de Yi-Fu Tuan (1980), desencadeou-se um interesse pelo modo como as pessoas percebem seu redor, seu meio ambiente; aguçou a curiosidade em saber se a percepção geográfica variava e quanto, provocando, principalmente, um aumento de estudos e pesquisas sobre o assunto. Para a ciência geográfica foi uma nova abertura, um novo e fértil campo de investigação científica. Coincide com a nova procura em ciência de se encontrar caminhos para a explicação das relações e por que não se apontar as reais interações entre Sociedade e Natureza, de uma maneira não quantificável, mas qualificável. Coincide também com a procura de se valorizar e de melhorar as condições da qualidade de vida, de compreender os mecanismos perceptivos e cognitivos com que o homem, quer como indivíduo, quer como grupo, relaciona-se com seu meio ambiente. Essa atenção para o psicológico e para o biológico abriu janelas do mundo visual para a geografia. Foi, talvez, o mais recente e dos mais instigantes desafios para os geógrafos.

Daí, em nossa visão ambiental, desenvolvermos um elo afetivo profundo, indissociável, que Tuan, com base em Bachelard, denominou de topofilia. Esse conceito foi difundido entre todos aqueles que lidam com meio ambiente, experienciado e conceitualizado, mediante uma visão do mundo. A topofilia é uma atitude, um valor, um atributo tanto individual quanto coletivo. Assim, como as pessoas desenvolvem elos positivos em relação ao lugar, também relacionam-se com ele negativamente. Sentem aversão por este ou por outro lugar. Muitas vezes as razões são psicológicas e não naturais. A aversão não está contida no lugar, mas na própria pessoa. Outro neologismo, agora, muito empregado é o de topocídio. São inúmeros lugares que foram "assassinados", deteriorados, destruídos, transferidos, apagados da paisagem geográfica. Surge, ainda, outro termo: toporeabilitação. Os lugares, por sua vez, pelos seus altos valores, suas localizações e interesses públicos, são reconstruídos, remodelados, reusados, enfim, revitalizados.

Surgem, assim, os estudos sobre a então denominada Percepção do Meio Ambiente. Em nível internacional constituiu-se na Unesco o MAB (Man and Biosphere) – 13. O grupo de trabalho iniciou-se sob direção de Ian Burton e reunia todos os intelectuais e interessados em meio ambiente e percepção. Compreendia pesquisadores, além de geógrafos de várias áreas (arquitetura, biologia, psicologia, economia, medicina, direito, engenharia, paisagismo). Todos estavam preocupados não apenas com as perguntas sobre o meio ambiente, mas sobretudo com as respostas. A preocupação precípua não era com o *porquê*, mas com o *como*. A consideração primeira foi com a variabilidade das respostas em termos de idade, sexo, grau de escolaridade, ocupação profissional, situação socioeconômica etc.

As pesquisas compreendiam um leque amplo de interesses voltados para o meio ambiente, tais como: percepção de pragas e praguicidas; mensurações de paisagens estéticas; procura de paisagens valorizadas; mensuração de atitudes em relação aos riscos ambientais. Aqui deixamos a informação útil e necessária para pesquisa de campo: *Guidelines for field studies in environmental perception*, publicado também em francês, sob a égide da MAB Technical Notes 5, preparado em cooperação com Scope, da Unesco, redigido pela geógrafa Anne V. T. Whyte, saindo em 1977.

Essa obra de Whyte balizou inúmeros estudos aqui no Brasil, como o próprio título denomina, e apresenta o papel da percepção ambiental, bem como guias de desenhos de pesquisa e sugestões para posteriores leituras. O geral da obra trata de métodos e técnicas a serem aplicados no campo, tais como: observando, indagando, projetando e variando questões, e escutando, registrando e codificando. Termina com o desenho de estudos de campo, tratando de: abordagens, variáveis, processos perceptivos e exemplos de trabalhos. Discute, ainda, sobre critérios e seleções de técnicas de emparelhamento para sistema de variáveis e de condições locais no campo, terminando com pesquisas sobre percepção de impactos ambientais. No final apresenta uma extensa e valiosa bibliografia sobre o assunto.

Embora a questão básica da percepção do meio ambiente seja a tentativa contínua de compreender e explicar as complexas inter-relações entre o homem e a biosfera, sempre permanece a questão de *como* um grupo cultural percebe, quer como indivíduo, quer como grupo, seu meio ambiente. Interessa saber quais as decisões e ações que estão implícitas ao serem tomadas as atitudes e proposições, diante dessa questão. Sabe-se, perfeitamente, que as respostas nem sempre são objetivas, mas o mais das vezes subjetivas, com base em interesses e necessidades mais imediatos, mais prementes, mais prioritários. Em vista disso, é preciso incrementar pesquisas com abordagens perceptivas, isto é, que a variável mais relevante seja a percepção do meio ambiente. São inúmeros estudos, tanto em nível internacional quanto em nacional, que já foram realizados sobre vários temas e por vários pesquisadores.

As séries de estudos foram coordenadas pelo Grupo de Trabalho sobre Percepção do Meio Ambiente, do Instituto de Estudos Ambientais, da Universidade de Toronto, pelos doutores Ian Burton e Anne Whyte, sob os auspícios da Unesco, por seu Programa Biosfera, projeto n.13. As preocupações e as publicações foram divulgadas sob o título: *Environmental perception research*. As pesquisas incluíram monografias sobre: paisagens valorizadas, percepção de pragas e praguicidas, riscos ambientais, atitudes diante de catástrofes (terremotos, furacões, inundações) e da poluição (visual, sonora, do ar, do solo, da água). Essas e outras pesquisas foram abordadas em vários países e com várias pessoas de diferentes culturas. Os resultados foram divulgados em inúmeras publicações.

Outras obras surgiram, ainda, nessa fecunda década de 1970. Geógrafos como Burton, Kates e Whyte (1978) publicaram um texto que se tornou a base para os estudos dos acidentes (*hazards*) do meio ambiente. No mesmo ano, Kates (1978) publica *Risk assessment of environmental hazard*, ampliando a abordagem perceptiva sobre as questões ambientais, chamando a atenção para a necessidade de se conhecer as respostas dos usuários de diferentes meios culturais e sociais.

Sob a coordenação de Tait (1979) se realizou, sob a égide da União Geográfica Internacional, um *workshop* sobre a percepção das pragas e praguicidas, em Cambridge, Inglaterra, apontando a urgência para o mundo científico, em especial o geográfico, para o uso e abuso dos praguicidas na agricultura, principalmente no mundo tropical. A preocupação precípua é com os trabalhadores rurais, aqueles que aplicam e manejam os praguicidas, revelando um grau de ignorância de conhecimento de alto nível. Os modelos usados nos fluxos (produção e consumo), em países subdesenvolvidos, com índices altos de analfabetismo e sem possibilidades de obtenção de informações são pobremente compreendidos e quase sem nenhum regulamento como base para proteção dos usuários e dos homens do campo para lidar com esses tóxicos (praguicidas, herbicidas, inseticidas). Até essa década, a morte acidental, pela má aplicação e uso desses agrotóxicos, não era registrada nos óbitos ocorridos. Após essa modernização descontrolada e desregulada do emprego de produtos químicos, em geral, na agricultura tropical, a sociedade científica passou a dedicar estudos, principalmente, mensurando e propondo outros modelos, mais adequados às lavouras das regiões úmidas ou secas das faixas tropicais. Os estudos foram específicos na procura de respostas, mediante a percepção ambiental, para se conhecer melhor como os países produtores de praguicidas comercializam (exportam) esses investimentos, procurando medir as atitudes, na prática.

Em 1978, o Grupo de Trabalho sobre Percepção do Meio Ambiente reuniu-se em Ibadan, Nigéria, como parte das atividades da Conferência Regional da União Geográfica Internacional (UGI). Participaram os pesquisadores sobre a questão, tais como Ian Burton e Anne Whyte (Canadá); David Lowenthal, Tim O'Riordan e Joyce Tait (Inglaterra); Robert Kates e Philip Porter (Estados Unidos); Takamasa Nakano (Japão); Julius Oguntoyinbo e Festus Akintola (Nigéria); Lívia de Oliveira e Dora A. Romariz (Brasil); e outros países como Paquistão, Sudão, Níger, Alemanha, Bangladesh, Índia, Tanzânia, Quênia, Lesoto, Moçambique, Irã, África do Sul. As referências para as leituras básicas estavam no livro sobre técnicas de Whyte e em *Space and place: the perspective of experience*, de Tuan (1983), publicado em 1977.

Foi assim que entramos em contato com as ideias e as contribuições de Yi-Fu Tuan, geógrafo chinês e professor universitário radicado nos Estados Unidos, com ampla e profunda bagagem cultural e científica. Antes de imigrar para a América, viveu alguns anos na França, bebendo nas fontes da geografia francesa, tão rica e tão variada. São inúmeros os livros escritos por Tuan, porém o impacto principal foi talvez dado por sua produção geográfica *Topophilia: a study of environmental perception, attitudes and values*, de 1974. Ao criar esse neologismo, chamou a atenção para a afetividade que devemos dedicar ao nosso meio ambiente, mediante a percepção, as atitudes e os valores; converteu-se em um clássico ímpar, fazendo com que sua leitura se tornasse obrigatória a todos os interessados pelo planeta Terra. São perspectivas novas abertas não apenas aos geógrafos, mas a todos profissionais preocupados com questões ambientais (arquitetos, urbanistas, ecólogos, economistas, administradores públicos, juristas, educadores, sociólogos, psicólogos) e até mesmo ao público geral. Sua tradução para o português foi de nossa autoria, em 1980. Em 1983, do mesmo autor traduzimos *Espaço e lugar: a perspectiva da experiência*, que complementa as ideias apresentadas em *Topofilia*, sendo muito mais um prólogo à cultura, enfocando questões amplas sobre aptidões, capacidades e necessidades humanas e como a cultura as acentua ou as distorce. Enquanto, topofilia "é o elo afetivo entre a pessoa e o lugar ou ambiente (físico) [...] um conceito difuso, mas concreto como experiência pessoal", o autor sugere que lugar é segurança, começando pela segurança do bebê no ventre materno; espaço é liberdade, sugerida pela ideia de amplidão, sem amarras. Sentimo-nos apegados ao lugar (casa, bairro, cidade, país), mas desejamos a liberdade, a aventura, o conhecimento de novos lugares e novas pessoas, que nos leva a explorar e ansiar por outros espaços.

Porém, devemos mencionar que já na década de 1960 assistimos ao aparecimento dos precursores da percepção ambiental geográfica. São os trabalhos de Lowenthal (1961), que propõem um instrumento de renovação na geografia, com bases na psicologia, na história, na filosofia, que permitiriam o intercâmbio com outras ciências, apesar de ficarem restritos a apenas alguns grupos pequenos de geógrafos. No entanto, a contribuição metodológica veio de um arquiteto, Lynch (1960), com a publicação de *The image of the city*, que realiza uma pesquisa de campo para fundamentar sua teoria proposta. Aqui é interessante apontar que os resultados ficaram restritos entre geógrafos, demorando tempo para serem "descobertos" por arquitetos. Ambos os pesquisadores, Lowenthal e Lynch, se completam. Enquanto este último, procurando as necessidades práticas, o desenho urbano, busca desenvolver uma metodologia que possa ser aplicada universalmente, o primeiro desenvolve uma renovação e ampliação do objeto da geografia.

Já nessa década de 1960, Tuan, Kates, Whyte, Lowenthal, Saarinen procuraram trazer para a geografia as pesquisas realizadas em outras disciplinas acerca da percepção do meio ambiente, durante o 61° Encontro Anual da Associação dos Geógrafos Americanos, em 1965, em Columbus, Ohio. Foram inúmeras publicações, de inúmeros autores, enriquecendo a literatura geográfica, abrindo novos campos de investigações. É nessa década que aflora entre os estudiosos uma Geografia Humanista, que procura a interdisciplinaridade com a exploração de conceitos subjetivos relativos à paisagem valorizada.

Essa Geografia Humanista abre horizontes para o geógrafo, conduzindo-nos a estudar a Terra como o planeta do Homem. A abordagem empregada é muito mais qualitativa do que quantitativa. Daí um maior contato com o lugar, com o mundo vivido e com a vida do cotidiano. Tudo isso vem nos permitindo uma ligação muito íntima e emocional com as artes, quer as plásticas, quer as dos sons e letras. As fontes artísticas vêm cada vez mais chegando para nossas pesquisas e fazendo renascer nossos estudos de paisagem. Atualmente, é difícil saber o que se inclui ou se exclui da Geografia Humanista. Nossos estudos transbordaram daquele conceito apenas de "Percepção do Meio Ambiente". Hoje, estão investigando em Geomorfologia, Climatologia, Biogeografia, sem se pensar em estudos de urbana, de rural, de população, de transportes, das atividades econômicas, todos também geográficos.

Holzer (1992, p.158-86), em sua dissertação de mestrado,[1] esclarece a diferenciação entre uma Geografia Humanista e uma Geografia Comportamental. O autor aponta esse momento de cisão no início da década de 1970, ficando o tema: "Percepção Ambiental" mais usado e aplicado na Geografia Humanista. Enquanto a Geografia Comportamental se dirigia mais para uma psicologia behaviorista, com preocupações mais diretas para levantamentos de mercado, pontos locacionais valiosos para implantar centros comerciais ou industriais; eram pesquisas, em geral, encomendadas, até mesmo para políticos com necessidade de conhecer com certa antecedência onde se concentravam espacialmente os seus eleitores.

A expressão Geografia Humanista foi sugerida por Tuan em 1972, e Relph, em 1976, sugeria a denominação Geografia Fenomenológica, com base na Psicologia e na Percepção, e nos estudos de Merleau-Ponty e Bachelard. Mas esta última não vingou, sendo, hoje, mais aceita e usada a Geografia Humanista. Outro nome de destaque é o de Buttimer (1974), que tratou das perspectivas sociológicas nos valores geográficos, avaliando as tradições das ideias de um ponto de vista filosófico, até então aceitas na geografia. Trabalha também com um olhar crítico, tecendo considerações sobre o existencialismo e o fenomenologismo no futuro da geografia, que naturalmente contribui na direção do social como base de nossas investigações. Essas proposições de Buttimer vêm ao encontro das proposições de Tuan, em pensar as relações Homem/Natureza como topofílicas. Essas noções conduzem às antípodas: topofóbicas. É claro que, se há uma topofilia, naturalmente há uma topofobia, assim como um topocídio. Esses vocábulos foram aplicados com muita objetividade e acerto na tradução das respostas que o homem, quer como indivíduo, quer como grupo, atribui às suas percepções ambientais das paisagens. Aliás, esse interesse pela paisagem voltou à baila na

1 A dissertação foi publicada em 2016 pela Eduel, com o mesmo título, tornando-a disponível de forma mais ampla. (N.E.)

Geografia Humanista, só que em outro nível, não apenas descritivo ou fotográfico. A paisagem se torna importante na leitura urbana, na percepção geográfica. Meining (1979) chega a propor várias maneiras de se avaliar uma paisagem, tais como: natureza, hábitat, sistema, problema, custo, ideologia, história, lugar, estética.

O termo paisagem sempre foi de responsabilidade do geógrafo. Até meados do século XX foi um conceito muito valorizado e utilizado. Depois entrou em desuso; era considerado uma noção muito descritiva, passiva e de segunda classe. Com o ressurgimento da Geografia Humanista entre os geógrafos anglo-saxões, e a Geografia Cultural entre os franceses, a paisagem começou a ser vista com outros olhos. Adquiriu foros de categoria de análise juntamente com o de lugar, de território, de espaço, e outros que estavam meio relegados. Atualmente, quase em todas as pesquisas científicas inclui-se um ou outro aspecto da paisagem. Inúmeras dissertações, teses e artigos se preocupam em definir, conceituar, analisar, adjetivar ou substantivar a paisagem. É muito comum a encontrarmos em trabalhos assim: paisagem valorizada, paisagem vivida, paisagem do cotidiano, paisagem do medo, paisagem simbólica. Todos esses complementos acrescentados à paisagem implicam sentimentos afetivos e/ou éticos. Pois hoje aceitamos, sem pejo, que a ciência se preocupa além do pensamento racional, com o mundo da emoção, do dia a dia.

Bley (1990), em sua cuidadosa tese de doutorado, discorre sobre o vocábulo *paisagem*, tecendo considerações sobre seu sentido e emprego em diversas línguas, e lembra como as coisas e as palavras se renovam ao decorrer dos anos, passando a assumir novos significados. Para o grego é a mesma palavra que indica país, significando espaço, e não divisão político-administrativa, ao passo que no latim não se conhece um termo correspondente. A expressão "*amoenitas locorum*" foi empregada por Cícero para indicar *paisagem*, que quer dizer ameno ou deleitável, envolvendo um fator qualitativo. No entanto, as línguas neolatinas contam com um termo específico, inclusive na portuguesa. Assim, temos *paisaje*, na espanhola; *paesaggio*, na italiana; e *paysage*, na francesa. Em todas essas línguas se apresentam com o mesmo significado, com pequenas variações: algumas vezes como espaço regional, e outras com conotação ligada à arte. Para as línguas anglo-germânicas, o radical é outro: em inglês *landscape*, e em alemão *landschaft*. Tanto um como outro vocábulo inclui o étimo *land*, significando terra natural, cenário, e outrossim um tipo de pintura ou de fotografia que lida com o figurativo.

Na década de 1970, e ampliando-se nas subsequentes, a tradição de estudos da paisagem se reconcilia com a análise científica, com os novos paradigmas aceitos pelos geógrafos modernos. De início, a preocupação é com a redefinição da noção de paisagem, estabelecendo uma relação mais íntima entre a paisagem e a geografia, não se restringindo ao âmbito da Natureza; ao contrário, se estendendo ao ser humano, com consciência, afetividade e conhecimento crítico. Essa definição coloca o homem no centro da paisagem, como parte integrante, como expressão de maneiras de viver e de integrar com os diferentes meios: natural, social, psicológico, cultural, histórico, como parte de um todo e um todo de partes.

O artigo de Collot (1986) coloca o sujeito, não se limitando a receber passivamente os dados sensoriais, mas organizando, estruturando, dando-lhes sentido, significado. O autor reconhece três elementos essenciais: a ideia de ponto de vista, a de parte e a de unidade ou conjunto. Deve-se considerar a paisagem inseparável da observação, da cognição. Por não ser possível "ver tudo" é que a paisagem se constitui uma totalidade coerente. Na paisagem o sujeito e o objeto são inseparáveis, não apenas porque o objeto espacial é constituído pelo sujeito, mas também porque o sujeito está envolvido pela paisagem; isto é, o sujeito está envolvido por e está dentro da paisagem.

Ainda, dentro das colocações e durante toda as décadas de 1970 e 1980 foi se delimitando um campo novo na geografia – a Humanista, como resultado de um processo de revisão e renovação dos conceitos filosóficos geográficos. Com as próprias palavras de Holzer (1992, p.235): "assim como a Geografia Radical foi uma síntese de ideias anarquistas, estruturalistas e marxistas, a Geografia Humanista foi uma síntese da fenomenologia e existencialismo com pinceladas do idealismo, do pragmatismo ou interacionismo e do estruturalismo". Sempre tendo como categoria escolhida a espacial, a mais adequada para uma análise sendo o lugar e também o não lugar. Esta última hoje tão comum como denominação de "cidades artificiais", criadas com o simples intuito de recreação para o lazer. Podemos lembrar a cidade do jogo e dos espetáculos, Las Vegas; a cidade do entretenimento, para crianças, jovens e adultos e por que não para os velhos, Orlando; a cidade do sol e do exótico, Suncity. Todas essas e outras foram planejadas, selecionados os sítios e países.

Relph (1976), apropriadamente intitulou seu livro de *Place and placelessness*, procurando diferenciar as experiências com lugar e espaço, apontando seis tipos de espaço: pragmático ou primitivo, perceptivo (relacionado com o percepto), arquitetônico, planejado, cognitivo (relacionado com o constructo) e lógico. Nesse caso, o lugar é um modo particular de relacionar as diversas experiências do espaço, definido como espaço vivido, de lugares existenciais e perceptivos. Não se pode confundir o lugar com a paisagem. Lembra então que o lugar é familiar, e a experiência com a paisagem é observada.

Um espaço se torna lugar com a experiência contínua e cotidiana, tanto em nível do indivíduo quanto do grupo. Por isso, o lar, a casa, constitui o centro mais profundo da existência, do viver; é o significado essencial do ser humano. É o cenário de nossas ações, o contexto de nossos objetos e nossos significados. Pode-se dizer que a consciência não é simplesmente de alguma coisa, de algo em seu lugar. O lugar possui identidade, podendo ser resumido em três atributos: traços físicos, funções observáveis e significados ou símbolos. Daí poder se distinguir o autêntico sentido do lugar, do não lugar. Enquanto o primeiro vem da experiência direta e genuína que forma o lugar de maneira complexa e dinâmica e não pode ser distorcida ou alienada por maneiras sociais ou intelectuais; o segundo está ligado à inautenticidade, sendo manifestada mediante atitudes e ações de massa, característica de sociedades industrializadas, ligadas ao desenvolvimento turístico, encarado como indústria do lazer, tão própria do século XX. Assim, Relph reconhece uma Geografia do Lugar e outra do lugar-sem-lugaridade (*placelessness*). Nesta se apresenta de maneira crescente, mais poderosa, mais disseminada, e representa em escala atual uma destruição e da reocupação dos lugares; pois naquela a tendência é incerta, sem localização fixa e persistência de traços de forma identificável, em termos de experiência comunitária e pessoal.

Retomamos as conclusões apresentadas por Holzer (1992, p.322-6), em sua dissertação, sobre a melhor tradução de *Humanistic Geography*, empregada em inglês, que seria "Geografia Humanista", em português. Em suas palavras, lembra que *humanista*, em português, é adjetivo, associado ao substantivo HUMANISTA, que por sua vez é associado ao Humanismo filosófico e ao estudo das humanidades. O termo Humanista indica uma corrente da Geografia diferenciada da Geografia Positivista, e é claro, que não se aceita em português uma Geografia Positivística. As conclusões do autor e sua proposição são muito bem defendidas e ele faz considerações com base etimológica e epistemológica ao utilizar o termo "Geografia Humanista". Conclui, assim, que tanto a geografia francesa quanto a anglo-saxônica já estão consolidadas e integram a história contemporânea da geografia. Pois, não poderíamos estudar as categorias espaciais da paisagem ou do lugar, enquanto conceitos e noções sobre espacialidade construída pelo indivíduo ou pelo grupo, a partir da experiência espaçotemporal.

Nessa Geografia Humanista surgiu uma nova ética dos direitos, não só do homem, como da Natureza; de uma nova epistemologia, construindo um conhecimento mais completo, mais holístico; de uma nova ontologia, considerando o objeto mais subjetivo, mais integrado ao sujeito; e de uma nova visão do mundo, procurando a lógica dessa sociedade pautada pelo mercado produção-consumo. A Geografia Humanista trouxe novas luzes e abriu novas possibilidades para a compreensão de se encontrar as respostas para a construção de valores e atitudes para se enfrentar os novos desafios que se instalam a cada momento. Os desafios atuais são: a crença infalível na ciência e na tecnologia; a coletividade baseada nos pressupostos insensíveis nas estruturas sociais; e erguer um edifício fundamentado na nova ética das relações humanas e ambientais.

Assim, meio ambiente é tudo e todos. É uma moeda com duas faces: o homem e a natureza; interligadas, inseparáveis para sempre. Não podemos prescindir do nosso meio ambiente. Ao mesmo tempo o meio ambiente só é se estiver presente o homem. As dimensões são inúmeras e incontáveis. Quantas quisermos considerar ou acrescentar. Podem ser, portanto, desde as naturais, culturais, sociais, psicológicas, ecológicas etc. Assim abordado, o meio ambiente é estudado tanto do ponto de vista científico quanto do político ou administrativo, ou educacional, ou mesmo do senso comum. Tanto é o espaço que é a sensação de amplidão e de infinito, nos lembrando planaltos imensos, oceanos sem fim, terras sem limites, florestas intricadas, cidades apinhadas; quanto é o lugar, que é a sensação de aconchego, de finitude, de lar, de família. Tudo isso é meio ambiente, resultante da experiência emocional e afetiva. Colorimos nosso meio ambiente com as mais diversas cores. Ora vivas e alegres, ora tristes e desbotadas.

Atualmente, o meio ambiente é trabalhado não mais como um objeto, mas como sujeito. Pois como homem e meio ambiente constituem-se num todo inseparável, somente será equacionada a questão ambiental se for abordada como processo, implicando a participação e a construção, a partir da própria sociedade. Necessitamos de uma tecnologia pedagógica para definir as estratégias, articular as proposições e reformular os conceitos de mundo vivido, de geografia do cotidiano, e valorizar as paisagens naturais, sociais, culturais, e estudar a terra como o lar da Humanidade.

Diante desses desafios é que iniciamos as nossas orientações no Programa em nível de Pós-Graduação em Geografia, no Instituto de Geociências e Ciências Exatas, na Unesp, de Rio Claro, já em fins da década de 1970, ministrando as disciplinas em 1977, com as denominações "Percepção do Meio Ambiente" e "Epistemologia e História da Geografia".

No curso de pós-graduação em Geografia, talvez tenhamos sido a primeira docente universitária a estruturar e ministrar uma disciplina sobre esse tema. Dentre os assuntos abordados, selecionamos alguns estudos sobre percepção propriamente dita, procurando mostrar a interdisciplinaridade de tal tema. A psicologia adotada para fundamentar e definir a *percepção* foi a de Jean Piaget, por considerar a teoria cognitiva genética a mais abrangente, e a mais adequada aos estudos espaciais geográficos. A abordagem psicológica piagetiana foi adotada para explicar as noções de atividade perceptiva e conhecimento. Essas foram trabalhadas como mundo visual, como propõe Gibson (1950).

Naturalmente se fez necessário rever as noções de espaço geográfico, bem como a natureza e o papel da imagem mental, na representação geográfica. O meio ambiente (natural e social) foi tratado como um todo, holística e sistematicamente. As respostas e atitudes ambientais, bem como as preferências e os valores foram estudados dentro da visão humanista da geografia. Foi dada ênfase às pesquisas já realizadas por inúmeros autores sobre: riscos ambientais (pragas e praguicidas), paisagem valorizada, qualidade de vida, percepção urbana, responsabilidade de planejadores, legisladores e administradores (ambientais). E não poderiam ser esquecidos os temas mais candentes sobre: espaço e lugar, topofilia/topofobia/topocídio, educação ambiental e percepção geográfica do turismo, tão em moda e tão necessária.

Além de ministrar a disciplina há mais de 25 anos, no Programa de Pós-Graduação em Geografia em Rio Claro, também difundimos o tema "Percepção do Meio Ambiente" em outros centros geográficos brasileiros, quer em nível de pós-graduação, quer em cursos de extensão. Estivemos em Belo Horizonte, Rio de Janeiro, Curitiba, Santa Maria, Salvador, Florianópolis, Brasília. Assim, nosso trabalho docente permitiu a multiplicação de nossas ideias e pôde formar uma escola, uma posição epistemológica e ampliar nosso campo de ação na geografia.

Foram inúmeros congressos e encontros de que participamos com comunicações, painéis, mesas-redondas, juntamente com os meus discípulos. Foram as dissertações de mestrado e as teses de doutorado que nos permitiram ampliar e aprofundar nossas investigações; que nos ensejaram a romper barreiras da tradição, de ousar, penetrando outros campos da ciência, mas sempre com os pés bem fincados na geografia; de olhar, de pesquisar em outros espaços, mas sempre com nossa visão geográfica, sem resvalar para o sociológico, ou o econômico, ou mesmo para o psicológico. Nossa orientação docente sempre procurou se pautar pelo geográfico, geografizando o espaço, o meio ambiente, o turismo, a psicologia, a ecologia.

Comecei a me preocupar com a percepção ambiental em fins da década de 1970. Com minha tese de livre-docência (Oliveira, 1977b), estudei, li, digeri e refleti profundamente sobre o sistema Piaget. Meu interesse inicial foi o espaço geográfico: conceito, representação, construção. Meu caminho seguiu a teoria psicogenética, passando pela percepção e cognição. O passo seguinte foi articular todas essas noções inferidas, acrescentando o termo ambiente. Na mesma ocasião, eu entrava em contato com a Geografia Humanista, quando de meus périplos por Estados Unidos, Canadá e Nigéria, e principalmente minhas visitas às University of Iowa, Clark University, University of Toronto e University of Ibadan. Para mim foi uma descoberta, uma resposta às minhas questões que eu vinha fazendo e procurando soluções. Não vou me estender sobre essa nova/velha geografia. Apenas, chamo a atenção que desde 1952, Dardel, em sua clássica obra, já abordava o espaço geográfico de uma maneira mais "humana", mais "natural", mais holística. Essa geografia não tem "grilos", não é dicotômica, não há oposição entre a Geografia Física e a Geografia Humana, não há controvérsia entre um método geral ou um regional.

Outrossim, pipocaram os centros de estudos por este Brasil afora. O grupo da Federal e da PUC, de Belo Horizonte; no Paraná surgiram em Curitiba, na Federal e em Londrina e Maringá, na Estadual; no Rio de Janeiro, na Estadual e na Federal em Santa Catarina, são os núcleos de Florianópolis e de Itajaí, e muitos outros. O interessante é que os grupos reúnem vários profissionais, com os mais diversos interesses e necessidades. Assim, podemos enumerar: arquitetos, psicólogos, advogados, biólogos, ecólogos, educadores, professores de escolas do ensino fundamental e médio, jornalistas, filósofos, administradores, economistas, médicos, enfim é uma plêiade de pesquisadores e professores universitários.

Nossas primeiras dissertações de mestrado saíram no início da década de 1980. Em 1982, foram de Lineu Bley (1982), *Percepção do espaço urbano*: o Centro de Curitiba, da UFPR, Departamento de Geografia, e de Damaris Puga (1982), *Controle das plantas daninhas no algodão*: um estudo de percepção do meio ambiente. No ano de 1983, Gilda Maria Cabral Benaduce (1983), da Universidade de Ijuí (RS), desenvolveu uma pesquisa no mestrado sobre *Estudo geográfico do processo de erosão em Alegrete, RS*: o areal São João. Em um estágio de aperfeiçoamento e com uma bolsa de Iniciação Científica da Fapesp, em 1985, Sebastião B. M. P. Martins, da Geologia, realizou uma pesquisa exaustiva e quase completa, um *Levantamento dos recursos naturais do distrito espeleológico arenítico de Altinópolis, SP.* No ano seguinte, 1986, Rachel Beatriz de Almeida Rolim, também em nível de Estágio de Aperfeiçoamento, desenvolveu uma pesquisa sobre a Praça do Jardim, dentro de uma abordagem de *Percepção do espaço urbano de Rio Claro*, estagiária esta que vinha da Arquitetura.

Em 1988, Lucy Marion Calderini Philadelpho Machado (1988a), do Departamento de Geografia do IGCE, Unesp, de Rio Claro, defende sua tese de doutorado *A Serra do Mar paulista*: um estudo de paisagem valorizada. Após obter seu grau de doutor, foi convidada a integrar o Curso de Pós-Graduação em Geografia e assim iniciar sua carreira docente a orientar, também dentro de nossas proposições e visão de meio ambiente. A professora Lucy conta em seu currículo dissertações de mestrado e teses de doutorado já defendidas, sendo assim, surgiu uma segunda geração de pesquisadores a partir de nosso núcleo, despontando no final da década de 1970. Em 1989, uma equipe de professores do Departamento de Geografia, IGCE, Unesp, de Rio Claro, por nós chefiada, partiu para uma expedição científica para a região de Canudos (BA). O Projeto de Pesquisa foi sobre *A paisagem geográfica de "Os sertões"*, tendo integrado os seguintes pesquisadores: Dra. Lívia de Oliveira, Dra. Lucy Marion C. P. Machado, os mestres Ana Tereza Carcere Cortez (ecóloga) e Adler Guilherme Viadana, e os docentes Solange Terezinha de Lima Ferreira e Fadel David Antonio Filho, os demais todos são geógrafos. O Projeto foi viabilizado com auxílio da Fundunesp.

No início da década de 1990, foram aprovados em defesa púbica do grau de mestre os professores Solange Terezinha de Lima (1990), com a dissertação *A percepção geográfica da paisagem dos Gerais no* Grande sertão: veredas, do Departamento de Geografia, IGCE, Unesp, de Rio Claro, e Herbe Xavier (1990), da PUC-Minas, Belo Horizonte, com pesquisa intitulada *A observação da paisagem do mundo e do campo visual geográfico*; ambos no ano 1990. No ano seguinte, 1991, foi a vez de Lineu Bley (1990), do Departamento de Geografia da Universidade Federal do Paraná, em Curitiba, de defender seu doutorado com a tese *Morretes, um estudo da paisagem valorizada*. No ano 1994 foi a vez de apresentarem as dissertações de mestrado as seguintes docentes do Departamento de Arquitetura, da Unesp, de Bauru: a professora Paula da Cruz Landim y Goya, com o trabalho sobre *Percepção e conservação do patrimônio ambiental urbano: a cidade de Bauru* (Landim, 1994) e a professora Rosío Fernández Baca

Salcedo (1995), sobre *O espaço urbano do centro histórico de Cusco (Peru)*.

Em meados da década de 1990 foram mais quatro teses de doutoramento. A advogada e professora Marília Gomes Campos Libório (1994), do Departamento de Planejamento, da Faculdade de Ciência e Tecnologia, da Unesp de Presidente Prudente, com a pesquisa sobre *Código florestal brasileiro*: um estudo sobre as relações entre eficácia e a valorização da paisagem florestal no sudoeste paulista. A professora Marlene Terezinha Muno Colesanti (1995), com a pesquisa *Por uma Educação Ambiental*: o Parque Sabiá em Uberlândia, em 1995. No ano seguinte, 1996, dois colegas que já antes foram orientados por nós, voltaram para obter os seus graus de doutor: Solange Terezinha de Lima, com o trabalho *Paisagens & ciganos* (Guimarães, 1996), do nosso Departamento de Geografia, Rio Claro, e Herbe Xavier (1996), do Departamento de Geografia da PUC-Minas, de Belo Horizonte, com *Percepção geográfica dos deslizamentos de encostas em áreas de risco no município de Belo Horizonte, MG*.

Ainda durante o ano 1996, saiu publicado em São Paulo, pela Studio-Nobel e Editora da UFSCar, uma coletânea sobre a problemática do meio ambiente pela sua percepção, organizada por Vicente Del Rio e Lívia de Oliveira (1996), designada por *Percepção ambiental: a experiência brasileira*. São relatadas diversas pesquisas e suas aplicações, a partir de seus fundamentos teóricos e metodológicos, demonstrando maneiras possíveis de estudar e compreender a percepção ambiental. Os trabalhos apresentados podem ser classificados em três grupos, segundo a natureza de seus aportes: Grupo I, Percepção Ambiental e Projeto, é composto pelos estudos que visam, pela aplicabilidade de seus resultados, nortear projetos e intervenções ambientais, sendo de especial interesse para arquitetos e urbanistas; Grupo II: inserem-se os trabalhos que buscam, pela interpretação de fenômenos perceptivos, contribuir para ampliar a compreensão da realidade que cada um de nós constrói interiormente e que configura nosso cotidiano; Grupo III: estão os trabalhos relativos à educação ambiental, onde o exercício da percepção se revela como poderoso instrumento para a interpretação da realidade e formação de sistemas de valores. Em 1999, após esgotada a publicação, saiu uma segunda edição. Convém registrar que a obra recebeu o prêmio "Olga Verjovski", em 1995, pelo Instituto de Arquitetos do Brasil, em sua XXXIII premiação anual.

No final da década de 1990 saíram mais duas teses de doutoramento: de Vernaide Medeiros Wanderley (1997), o ensaio sobre *A Pedra do Reino: sertão vivido de Ariano Suassuna*; e de Mirna Lígia Vieira (1997), *Imagem turística de Itanhaém, litoral sul paulista*, ambos em 1997.

Ainda em 1997, foi publicado o livro *Viagem ao sertão brasileiro: uma leitura geo-sócio-antropológica de Ariano Suassuna, Euclides da Cunha e Guimarães Rosa*, escrito e pesquisado por Vernaide Wanderley e Eugênia Menezes (1997), pelo Editorial Fundarte, da Fundaj, Recife (PE). Essas sertanejas, escritoras e pesquisadoras descortinaram em formas, cores, movimentos e dores, o espaço de três sertões brasileiros, estabelecendo relações topofílicas e uma visão holística, procurando identificar o sertão mediante as categorias Natureza, Família, Poder e Religião/Sobrenatural. Como é um livro ousado, belo e original, abre novas perspectivas e leituras. Acompanhamos as escritoras desde o início do despertar o interesse por esses sertões: fomos até o sertão da Paraíba para compreender a vida do cotidiano, para apreender as nuances do semiárido, seus tons de castanho. Orientamos sobre a estruturação, apontando as melhores vertentes para se chegar a *Três autores, três identidades, três sertões. Um Brasil?*

Nesses primeiros anos da primeira década do ano 2001, já estamos orientando um mestrado sobre *A percepção e a cognição geográfica de São João da Boa Vista: a Escarpa da Mantiqueira*, com Marlene Fátima Teodoro Colabardini, e um doutorado sobre *Turismo e percepção em Brotas, SP*, com Renata Barrocas.

Assistimos, agora, pelos doutores por nós formados a continuação de nosso trabalho; foram como filhotes semeados aqui e acolá e por suas vezes se multiplicando, ampliando, atingindo outras plagas, outras gentes, em outros momentos. Consideramos ter realizado um trabalho profícuo e agradável e esperamos ter deixado nosso testemunho, nesse espaço geográfico e nesse lugar de Rio Claro, entre esses discípulos maravilhosos que desfrutamos todos esses anos.

Finalmente, não quero deixar de tocar em um tema candente, necessário e oportuno: Educação Ambiental, que deve percolar todas as disciplinas escolares, devendo começar no berço, no lar, nas ruas, no trabalho, e integrando os currículos de todos os níveis de Escola. Hoje em dia está muito em moda se apontar a necessidade e a responsabilidade de uns e de outros, em relação ao meio ambiente. Embora todos chamem a atenção para essa expressão, Educação Ambiental é um conceito tão vago e difuso, mas tão rico em conotações complexas e singulares.

A Educação Ambiental deve estar alicerçada na ética e na afetividade. Só o que, ou quem, amamos é que cuidamos, que nos preocupamos. A dimensão moral no estabelecimento da relação entre o homem e o meio ambiente talvez seja a mais profunda, pessoal e íntima que se possa conceber. É a ética que nos torna humanos, que nos conduz pelos caminhos do direito e da responsabilidade. Quando lutamos pelo "Direito do Homem", a partir de séculos passados, esperávamos um futuro mais justo socialmente. Agora, em nosso século, que lutamos pelo "Direito da Natureza", esperamos um presente mais promissor e uma melhor qualidade de vida para todos. Os Direitos do Homem e da Natureza devem nortear nossas interações com o meio ambiente, engendrados a partir de uma educação ambiental.

Faço minhas as palavras de Federico Garcia Lorca:

*Pero antes de empezar quiero haceros el mismo ruego que a él le hizo el viejo silfo aquel anochecer de otoño, cuando se fueron los rebaños. ¿Por qué os causan repugnancia algunos insectos limpios y brillantes que se mueven graciosamente entre las hierbas? ¿Y por qué a vosotros hombres, llenos de pecados y de vicios incurables, os inspiran asco los buenos gusanos que se pasean tranquilamente por la pradera tomando el sol en la mañana tibia? ¿Qué motivos tenéis para despreciar, lo ínfimo de la Naturaleza? Mientras que no améis profundamente a la piedra y al gusano no entraréis en el reino de Dios.* (Lorca, 1960, p.579)

# 5
# CONTRIBUIÇÃO DOS ESTUDOS COGNITIVOS À PERCEPÇÃO GEOGRÁFICA

## A PROBLEMÁTICA DA PERCEPÇÃO

O fenômeno perceptivo não pode ser estudado como um evento isolado, nem pode ser isolável da vida cotidiana das pessoas. A percepção deve ser encarada como uma fase da ação exercida pelo sujeito sobre os objetos, pois as atividades não se apresentam como simples justaposições, mas como um encadeamento, em que umas estão ligadas às outras.

A psicologia da percepção tradicionalmente procura explicar os mecanismos perceptivos por meio da experiência e da maturação. A experiência desempenha um papel importante no desenvolvimento da percepção, pois o contato direto ou indireto com o objeto permite ao sujeito construir seu espaço perceptivo. Porém, não é suficiente experienciar os objetos, ou melhor, o sujeito tem necessidade de dispor de um aparelho orgânico altamente sofisticado para receber os dados sensoriais e transformá-los em dados perceptivos.

De um modo geral, todos os psicólogos concordam que é preciso distinguir a sensação da percepção. Dentro da perspectiva da percepção do espaço visual podemos tecer várias considerações.

Inicialmente, é preciso lembrar que o espaço é o problema básico de toda percepção. Na verdade, percebemos um mundo cujas variáveis fundamentais são espacial e temporal, isto é, um mundo que tem extensão e duração. Este mundo em que vivemos está em contínua mudança e tomamos consciência dessas transformações por meio dos receptores sensoriais. O conhecimento do mundo físico é tanto perceptivo como representativo.

Não se pode esquecer de que o cenário do mundo físico visível se apresenta em três dimensões, com profundidade, distância e solidez, e que por sua vez a imagem que se forma na retina é em duas dimensões. A imagem retiniana é a projeção da luz na superfície bidimensional da retina, que excitando o nervo óptico é transportada como impulsos nervosos até o encéfalo, e a percepção se faz em três dimensões. Gibson (1950) esclarece que não é o mundo que atinge a retina, mas a luz; não é uma figura retiniana que é transmitida ao cérebro pelo nervo óptico, mas ondas nervosas. A percepção pode ser considerada como um correlato e não uma cópia da imagem retiniana, e essa, por sua vez, não é uma réplica do mundo, mas um complexo de variações.

Pode-se afirmar então que a percepção é justamente uma interpretação com o fim de nos restituir a realidade objetiva, por meio da atribuição de significado aos objetos percebidos. Portanto, quando nos preocupamos com a percepção espacial é preciso não confundir o ver com o perceber.

Fala-se então de efeitos de campo ou primários, ou campo visual, quando se estuda de um ponto de vista puramente sensorial e depende diretamente do estímulo e percepção ou mundo visual quando depende da atribuição de significados.

Como o sentido da visão não é o único responsável por todo o conhecimento visual, particularmente do espaço tridimensional, deve, portanto, haver um processo que permite o sujeito construir o espaço a partir dos dados brutos apresentados à mente. A natureza desse processo tem desafiado os psicólogos, pois as propriedades espaciais tais como a distância e solidez não podem ser sentidas, mas apenas percebidas, o que vem a constituir um problema espacial. A noção de que o percepto não é inteiramente determinado pelo estímulo físico da visão, mas depende de uma contribuição do observador, tem recebido várias explicações em diversas teorias psicológicas.

As duas correntes tradicionais que procuram explicar o fenômeno da percepção são: a empirista e a inatista. Para o empirismo o espaço visual é algo aprendido e a percepção é inferida da experiência. Enquanto para o inatismo o espaço visual é intuitivo e a percepção é inata.

Outra teoria que estuda o problema da percepção é a da Gestalt. Ela se preocupa com a percepção da forma, que se processa por meio de uma organização sensorial relativamente espontânea. Esse processo de organização ocorre no cérebro, no nível do córtex cerebral, e é concebido como ocorrendo em um campo. Por isso é também denominada de teoria de campo da organização sensorial. A teoria da Gestalt não é explicita quanto à percepção do mundo visual como é em relação à percepção da forma. Dentro desse quadro teórico os objetos guardam suas identidades, seu tamanho, forma e cor objetivas, apesar das variações nas imagens retinianas às quais elas correspondem. A síntese é produzida por uma realização característica do sistema nervoso central e que pode ser chamada de organização sensorial. Em outras palavras, a Gestalt concebe os elementos da percepção como simplesmente diferenciados no interior de uma totalidade presente desde o início.

Mas a questão que se coloca não é como o percepto é organizado, mas porque é sempre organizado como uma entidade particular, em direção à qual o olho parece estar apontado. Os experimentos desenvolvidos pelos gestaltistas têm se restringido às situações de laboratório em espaços fechados, preocupando-se mais com os efeitos de campo ou primários do que com a percepção do mundo visual.

Não podemos terminar estes comentários sobre as várias teorias que tentam explicar o fenômeno da percepção sem antes mencionar a teoria de Piaget. Esta é uma explicação cognitiva em que a percepção é encarada como parte integrante da vida do sujeito. Piaget (1961) reconhece os efeitos primários que correspondem ao que os gestaltistas denominam de efeitos de campo, que podem ser entendidos como interações entre os elementos percebidos simultaneamente em um mesmo campo atual de centração. Porém, acrescenta sob o termo atividades perceptivas, os processos perceptivos que intervêm nas percepções quando se procura enquadrar as centrações ou seus produtos em distâncias no espaço e no tempo, excluindo uma interação imediata. Essas atividades podem ser de exploração, transporte, transposição espaçotemporal, coordenação perceptiva, esquematização. Elas diminuem os erros primários, mas engendram novas formas de erros sistemáticos.

As atividades perceptivas, por si mesmas, constituem toda uma problemática, com aspectos referentes às ilusões secundárias, constâncias perceptivas, causalidade perceptiva, percepção dos movimentos e da velocidade.

Piaget estuda exaustivamente em um de seus trabalhos os mecanismos perceptivos, procurando determinar diferenças, semelhanças e filiações entre as estruturas perceptivas e as cognitivas por meio de uma abordagem interacionista. Piaget reconhece que entre as estruturas perceptivas as mais elementares e as estruturas operatórias as mais complexas da inteligência se intercala uma série ininterrupta de estruturas intermediárias. As duas estruturas constituem formas de equilíbrio e consistem em estruturas de conjunto. O problema da filiação é inseparável da questão do significado epistemológico da percepção, entendido como as relações entre o sujeito percebedor e o objeto percebido.

As explicações concernentes à problemática da percepção são, pois, coerentes com toda a teoria de Piaget. Assim, de início há uma percepção do espaço, do movimento, do tempo etc., como noções pré-operatórias, para em seguida se constituírem em operatórias, estruturando os mesmos conteúdos. Portanto, o problema que se coloca é se a noção deriva ou não da percepção correspondente, ou mais precisamente, o que ela empresta ou o que acrescenta à percepção. A análise da percepção é feita no terreno estritamente genético, isto é, comparando as percepções e as noções correspondentes nos diferentes níveis de desenvolvimento.

Piaget conclui que na percepção, como em todo o conhecimento:

a) a objetividade se constrói em função e na medida das atividades do sujeito;
b) o estado inicial de cada processo não fornece as propriedades do objeto, mas uma mescla indiferenciada de contribuições do sujeito e do objeto;
c) é descentrando em relação a esses estados iniciais que o sujeito pode ordenar suas atividades, coordenando-as e alcançando os caracteres específicos do objeto, corrigindo as deformações devidas às centrações iniciais.

Em resumo, do ponto de vista da Teoria de Piaget, a percepção se apresenta com uma dupla natureza: é fonte de erros sistemáticos e é reflexo e prefiguração indireta da inteligência.

Pelas considerações feitas pode-se constatar que comparada à Gestalt a explicação cognitiva é uma resposta mais integral às indagações fundamentais sobre a problemática da percepção.

## PERCEPÇÃO GEOGRÁFICA

Entre as tendências científicas de maior alcance ocorridas no campo da geografia, durante as últimas décadas, se destaca a crescente e constante evidência que a percepção do espaço é fundamentalmente significativa para a explicação das dimensões geográficas dos fatos estudados por essa ciência.

Os problemas concernentes à percepção vêm sendo investigados por um grupo de geógrafos que tem trabalhado nas fronteiras entre a geografia e a psicologia. A preocupação como os indivíduos percebem seu meio ambiente tem conduzido muitos psicólogos e geógrafos a pesquisarem no campo da percepção visual do espaço. Os resultados desses estudos têm contribuído com informações para as tomadas de decisão em níveis políticos, administrativos, econômicos.

Diversos estudos sobre percepção geográfica têm se fundamentado na teoria da Gestalt, na busca de resposta à incógnita relacionada com o processo perceptivo do mundo visual. A revisão de alguns trabalhos realizados nos Estados Unidos, Grã-Bretanha, Canadá e Escandinávia ilustra a preocupação de geógrafos e psicólogos com o problema da percepção geográfica do espaço. Os trabalhos de Downs (1967; 1968) e White (1967) do Departamento de Geografia da Universidade de Bristol, na Grã-Bretanha, contribuíram para a definição do papel da percepção na geografia moderna. White procura medir a percepção espacial mediante um questionário aplicado a crianças escolares que avaliam os municípios britânicos, em termos de preferência residencial.

Outro autor britânico que se preocupou com a explicação gestáltica do problema da percepção foi Pocock (1974), do Departamento de Geografia da Universidade de Durham, discutindo sobre a natureza da percepção ambiental. Ele considera que o meio ambiente se refere a qualquer coisa externa que possa influenciar tanto o percebedor como o processo perceptivo. As partes componentes desse processo são: meio ambiente, percebedor e imagem, que são resumidos em um modelo conceitual, construído pelo autor para facilitar a compreensão da imagem.

Em termos de percepção geográfica do espaço pode-se dizer que o Grupo de Estudo sobre Percepção de Lugar, da Clark University, Estados Unidos, dirigido pelo psicólogo David Stea e pelo geógrafo James M. Blaut, vem se destacando, desde a década de 1960, por suas pesquisas. Num primeiro experimento, Blaut (1969) teve como objetivo verificar se as crianças em idade escolar interpretam fotografia aérea, sem prévia instrução; reconhecem a imagem (problema da escala e projeção) e identificam e nomeiam qualquer elemento que possam reconhecer quando observado em outra perspectiva. Foram utilizadas várias fotos, compreendendo foto aérea vertical branca e preta e foto aérea obliqua colorida de área urbana e uma foto de satélite mostrando parte do globo. O experimento se desenvolveu com quatro grupos de vinte sujeitos selecionados ao acaso, sendo três grupos do município de Worcester (Massachusetts) e um de Rio Piedras (Porto Rico), com idade média de 6 anos e 4 meses. Os sujeitos trabalharam fora da sala de aula, as fotografias foram mostradas em sequência e a criança deveria apontar e nomear tudo o que fosse capaz de reconhecer em cada foto.

Ao discutir os resultados, Blaut chama a atenção para o fato de que a foto utilizada em Porto Rico foi diferente e que esse grupo só trabalhou com a foto vertical, que era a que mais lhe interessava. A foto aérea oblíqua colorida foi introduzida apenas para verificar se há necessidade de se trabalhar com ela primeiro e depois com a foto vertical. Como ele pôde verificar, isso não é necessário, além do que nem cor, nem obliquidade são significantes na identificação.

Num segundo experimento, Blaut estava interessado em verificar se crianças de idade escolar podem fazer um mapa do seu ambiente, com símbolos arbitrários, e utilizá-lo para resolver um problema simulado de circulação. Os dados foram coletados com 19 sujeitos de 1ª série primária, escolhidos ao acaso de duas classes de uma escola pública de Worcester, Massachusetts, Estados Unidos. Cada sujeito recebeu uma fotografia aérea, vertical, branca e preta, de uma área urbana e foi pedido para:

a) apontar e dizer o que via;
b) colocar um papel transparente sobre a foto e traçar a lápis, os prédios e as vias de circulação. Retirou-se a foto em seguida e a criança teve sua atenção distraída por um minuto ou mais;

c) descrever aquilo que foi desenhado;
d) pintar as casas de vermelho e as vias de circulação de amarelo;
e) resolver o seguinte problema: como você iria da casa de João para a casa de Bill, sem deixar a via de circulação? O trajeto deve ser desenhado.

Com essas duas pesquisas, Blaut verificou que crianças testadas de 5, 6 e 7 anos podem ler e mapear uma fotografia aérea, pois que nos dois experimentos as hipóteses foram confirmadas.

Num terceiro experimento, Stea e Blaut (1969) procuraram verificar se crianças de 1ª série interpretam e mapeiam, utilizando fotografia aérea vertical branca e preta como passagem entre a percepção direta do *environment* e a cartografia, ou seja, a representação. A escola selecionada se localizava na cidade de Boston, Massachusetts, Estados Unidos, e a amostra foi: 42 sujeitos de duas classes de 1ª série primária constituindo o grupo experimental e dois grupos-controle de 34 sujeitos de 2ª série, num total de 91 sujeitos. O instrumento de medida foi um mapa na escala de 1:12000, utilizado no pré-teste e no pós-teste nos três grupos, com uma legenda previamente testada. Pedia-se para a criança memorizar os sinais e, num exercício, fazer um mapa imaginário utilizando todos os signos que pudesse.

O grupo experimental teve desempenho melhor no pós-teste do que os dois grupos-controle. Assim, baseados na comparação do pré-teste e pós-teste nos três grupos, ficou claro que os resultados positivos obtidos são devidos ao procedimento experimental realizado.

Finalmente, em outra publicação da Clark University, Stea (1969) resume os trabalhos já realizados pelo Grupo de Estudos. Quatro estudos básicos sobre percepção de lugar e mapeamento são apresentados:

a) interpretação de fotografia aérea para crianças de Porto Rico e norte-americanas; idade 5-7 anos;
b) mapeamento por meio de fotografia aérea, com crianças norte-americanas; idade 5-7 anos;
c) desenvolvimento da habilidade de interpretar fotografia aérea com crianças; idade 5-12 anos, em Porto Rico;
d) o papel do *Toy Play* no mapeamento ambiental entre crianças de Porto Rico; idade 5 anos.

Três estudos aplicados são também sumarizados:

a) ensinando mapear na 1ª série primária: um currículo experimental baseado em fotografia aérea;
b) aplicações de imagem foto-aérea na aprendizagem de lugar na escola primária;
c) aprendizagem de lugar por meio de uma aeronave: um currículo experimental de 3ª série primária.

Na conclusão, o autor destaca que existem diferenças profundas entre o ensino de Geografia e das Ciências Sociais, e que isso deve ser levado em consideração ao nível do primário; a aprendizagem cartográfica pode começar com crianças em idade escolar, pois elas podem aprender Geografia antes de aprender a ler; a Geografia pode ser ensinada de maneira mais sofisticada nas séries mais adiantadas.

Hewitt e Hare (1973), da Universidade de Toronto, Canadá, descreveram em uma monografia os quadros de referência conceituais sobre as relações do homem com seu ambiente. Apontam para a conveniência de realizar trabalhos interdisciplinares em lugar de cada especialista estudar isoladamente os problemas ecológicos. O trabalho que a seguir se comenta exemplifica a proposição de Hewitt e Hare no sentido de realizar estudos interdisciplinares.

O Conselho Coordenador Internacional para o Programa Homem e Biosfera, da Unesco (1973), sugeriu que um painel de expertos analisasse o problema da percepção da qualidade ambiental. Esse estudo é conhecido como o Projeto 13. Os integrantes desse projeto representam diferentes disciplinas e procedem de diversos países. Reunido durante uma semana, o grupo de *experts* se preocupou em identificar áreas de estudo em percepção do ambiente em termos qualitativos. Foram sugeridos seis temas prioritários, a saber: percepção de catástrofes ambientais, naturais e provocadas pelos homens; percepção de parques nacionais e outros ambientes naturais relativamente conservados; percepção de ambientes isolados ou periféricos de áreas ecológicas; percepção de paisagens humanas típicas, de importância ecológica, histórica e estética; percepção da qualidade de ambientes urbanos; e desenvolver e melhorar a política sobre modelos de planejamento ambiental. O relatório final mostra, por um lado, que as pesquisas para serem desenvolvidas necessitam ser planejadas em bases de cooperação de esforços entre vários países e com um enfoque multidisciplinar, e por outro lado, que é preciso considerar não só as agências e os programas das Nações Unidas, como as organizações regionais, e também as instituições internacionais não governamentais, quando se está tratando de estudar a percepção da qualidade ambiental.

A obra de Lynch (1960) contém valiosa informação sobre como desenvolver uma metodologia para estudar a forma visual em uma escala urbana. Esse trabalho considera a qualidade visual de várias cidades americanas, estudando os mecanismos de construção da imagem mental de uma cidade. O autor coloca a proposição de que somos capazes de desenvolver nossa imagem do ambiente operando sobre a forma física externa tanto quanto por um processo interno de aprendizagem.

A qualidade visual foi medida por meio da imageabilidade ou legibilidade. Esse termo foi definido como a qualidade existente em um objeto físico que permite a evocação de uma imagem nítida no observador. Os componentes estudados da imagem foram identidade, estrutura e significado. Em cada uma das cidades estudadas foram feitas duas análises básicas: a) um reconhecimento sistemático de campo, por um observador treinado, que percorreu a pé a área considerada, mapeando a presença de vários elementos em termos de visibilidade e inter-relações e; b) uma entrevista com moradores da cidade, incluindo descrições, localizações, esquemas e realização de viagens imaginárias. O estudo revelou que a imagem pública de uma determinada cidade é o resultado da superposição de muitas imagens individuais. Os elementos urbanos pesquisados foram os trajetos, as esquinas, os bairros, os cruzamentos e os pontos de referência. Esses elementos se apresentam ao observador de uma maneira estruturada e são eles que precisam ser padronizados para fornecer uma forma visual satisfatória. Na verdade, as imagens urbanas podem ser distinguidas por sua qualidade estrutural, isto é, a maneira que suas partes são arranjadas.

A imagem ambiental é uma parte fundamental de nossos equipamentos para viver, pois permite mobilidade, orientação, organização das atividades e particularmente é usada como quadro de referência.

Em resumo, a revisão da literatura geográfica contemporânea revela que a percepção espacial é um campo fértil e que coloca os geógrafos em contato com uma variedade de profissionais e particularmente com os psicólogos. Em nossa opinião, as investigações geográficas sobre percepção espacial carecem de uma fundamentação teórica mais ampla. Em geral, os geógrafos têm recorrido unicamente à explicação gestáltica para interpretar os fenômenos estudados, não considerando o detalhe importante de que os observáveis geográficos implicam sempre objetos de grandes proporções no tocante ao tamanho e forma, e particularmente no que se refere à dimensão escala.

Em relação ao espaço visual, o geógrafo tem orientado suas pesquisas em termos de percepção do mundo visual e não de sensação do campo visual. Mas tem desenhado suas pesquisas adotando como estratégia, técnicas de laboratório para serem desenvolvidas em situações de campo aberto.

Para completar estas considerações queremos colocar que, a nosso ver, a geografia precisa fundamentar suas investigações no campo da percepção espacial, na teoria de Piaget, pois é a única que explica a percepção dentro de um contexto em que os aspectos perceptivos estão intimamente ligados aos cognitivos para a construção do espaço. Podemos apresentar como uma tentativa de aplicar a teoria de Piaget ao estudo da percepção geográfica o trabalho de Oliveira e Machado (1975), que desenvolveram dois experimentos para verificar como os adolescentes percebem geograficamente o espaço e em que medida os mapas e pré-mapas contribuem para essa percepção. A teoria de Piaget proporcionou a base conceitual para desenvolver o estudo e buscar respostas a perguntas fundamentais relacionadas com a percepção espacial.

A amostra foi constituída de 90 alunos selecionados ao acaso dentre aqueles regularmente matriculados em uma das escolas públicas de Rio Claro. Para coletar as informações, os sujeitos foram distribuídos em dois grupos: um experimental e outro de controle, aos quais foi aplicado um questionário, envolvendo situações espaciais topológicas e euclidianas, consideradas de dimensões geográficas. Esse questionário foi utilizado como pré e pós-teste e entre as aplicações foram realizadas sessões de trabalho com o grupo experimental. Os materiais utilizados como pré-mapas foram cartão postal e fotografia aérea das cidades de Rio Claro (residência dos alunos) e Araras (situação não conhecida) e como mapas as plantas urbanas dessas mesmas localidades.

Os resultados mostraram que há diferenças significantes na percepção geográfica do espaço, em termos de relações espaciais topológicas e euclidianas, quando se usa pré-mapa e mapa. Revelaram também que a manipulação de pré-mapas implica uma atividade perceptiva, sendo observados no grupo experimental dois tipos de comportamento: a) quando o sujeito não se prende unicamente ao percebido, mas manipula os materiais, em função de atividades reversíveis, e considera que apesar das diferenças de escala, projeção e orientação, são os mesmos elementos espaciais, e consequentemente se pode estabelecer as mesmas relações entre ele e; b) quando o sujeito permanece preso aos dados perceptivos, não considerando que o elemento espacial é o mesmo, apesar dos materiais serem diferentes.

Para finalizar, queremos destacar que recentemente a psicologia tem procurado não se prender aos experimentos em espaços limitados, como os laboratórios, e vem desenvolvendo estudos em espaços abertos, constituindo-se assim em uma Psicologia Ecológica. Dentro dessa linha, faz-se necessário pôr em relevo os trabalhos dos Grupos de Estudos Cognitivos que investigam, entre diversos problemas, o da mudança de escala. Esses grupos se organizaram sob a orientação efetiva do professor Battro, em Buenos Aires, Araraquara, Porto Alegre, e outras cidades brasileiras, e vêm desenvolvendo experimentos em espaços abertos, utilizando observáveis de grandes dimensões, como praças, prédios, lagos. As pesquisas têm se realizado com sujeitos de várias idades e têm procurado encontrar uma explicação para o fenômeno da mudança cognitiva de escala na percepção visual do mundo.

Os dois simpósios promovidos por esses Grupos de Estudos, em nível internacional, revelaram as tendências psicológicas e, principalmente, o trabalho interdisciplinar entre psicólogos, arquitetos, educadores, geógrafos, matemáticos e outros profissionais. A colaboração de psicólogos com os geógrafos permitiu estudar o problema da representação em escala 1:1 de um elemento natural, constituído por um lado da paisagem urbana com área superior a 35.000 m$^2$ e perímetro de 1.000 m. O estudo compreendeu duas situações experimentais. Em uma, os sujeitos partiam da observação direta do lago, registrando suas observações com fotografias, desenhos e gravações, para em seguida, em um terreno de medidas superiores ao observável, reproduzir em tamanho natural as dimensões de área e perímetro do lago. Em outra, os sujeitos foram levados diretamente ao terreno para representar o lago, utilizando uma planta na escala de 1:500, partindo assim de uma observação indireta. Os resultados confirmaram a tese defendida por Battro de que a partir de áreas superiores a 2.000 $m^2$ os sujeitos subestimam o tamanho, não importando a forma, quando representam em escala 1:1.

Todos os experimentos que vêm sendo desenvolvidos nesses dois anos pelos Grupos de Estudos têm procurado fornecer subsídios para a compreensão dos mecanismos cognitivos subjacentes à representação nessa escala. A contribuição inestimável de Battro tem sido de traduzir o fenômeno mudança de escala para uma linguagem matemática, recorrendo ao modelo de Thom, proposto para os sistemas dinâmicos qualitativos. Dentro da teoria das catástrofes, a mudança de escala seria catástrofe elementar, do tipo Prega, que ocorre no espaço tempo. Essa colocação feita por Battro abre novas perspectivas para os estudos psicológicos em geral, e para os de percepção espacial em particular. Somos do parecer, portanto, que as pesquisas geográficas sobre percepção devem procurar suas bases psicológicas nesse novo paradigma que surge entre as ciências, pois o modelo de Thom descreve a psicogênese proposta por Piaget.

# 6
# PERCEPÇÃO AMBIENTAL

*O homem deve aceitar a responsabilidade de administração da Terra, a palavra administração implica, naturalmente, governo para o bem comum.*

(Ward; Dubos, 1973, p.21)

Neste texto queremos prestar nossas homenagens ao nosso saudoso e admirado colega de tantas lutas em prol da paisagem e do meio ambiente: o eminente biogeógrafo, pesquisador e mestre Felisberto Cavalheiro. Para tanto, nos propusemos a tecer algumas considerações sobre percepção ambiental, naturalmente, mais do ponto de vista geográfico do que ecológico. Nossa responsabilidade é dupla, porque Cavalheiro foi um grande professor de Biogeografia, pois suas aulas cobriam uma gama enorme de assuntos ligados ao meio ambiente; e um grande pesquisador, pois suas investigações procuravam sempre relacionar as pessoas com seu meio ambiente.

Tentaremos, por conseguinte, fazer uma varredura geográfica, partindo das noções básicas para melhor compreender e explicar a própria percepção ambiental. Procuraremos levantar questões de percepção ambiental urbana, passando pelo rural, chegando às regiões selvagens e tentando vislumbrar as perspectivas para uma percepção ambiental.

## NOÇÕES BÁSICAS SOBRE PERCEPÇÃO/COGNIÇÃO

> *A superfície da Terra é extremamente variada. Mesmo um conhecimento casual com sua geografia física e abundância de formas de vida, muito nos dizem, mas são mais variadas as maneiras como as pessoas percebem e avaliam essa superfície.*
>
> (Tuan, 1980, p.6)

Convém, desde o início, estabelecer as definições conceituais sobre as noções que consideramos básicas quando tratamos da percepção ambiental. Aqui, nossas palavras-chave são as seguintes: sensação, percepção, atividade perceptiva, cognição e representação, conceitualmente segundo Piaget, atingindo a própria conduta.

Ao partir da realidade que comporta as possibilidades de ocorrência, procuraremos analisar a conduta humana em relação ao meio ambiente. A porta de entrada, ou melhor, nosso contato com o mundo exterior se dá pelos nossos órgãos sensoriais, de maneira seletiva e instantânea, propiciando a sensação. Essa é variável de acordo com o aparelho sensorial que estamos usando. A realidade "entra" em nosso mundo mediante: a visão, a audição, o olfato, o paladar e o tato-cinestesia. Cada órgão desempenha uma atividade correspondente: visual, auditiva, olfativa, gustativa e tato--cinestésica. Nossos órgãos sensoriais agem concomitantemente. É difícil separá-los na prática. Convém lembrar que o que penetra pelos sentidos são os estímulos sensoriais. As sensações, necessariamente, passam pelos filtros culturais e individuais para se tornarem percepções. A percepção só se dá no córtex cerebral, em um determinado momento correspondente à sensação.

Como exemplo, usaremos o da visão. Isso se justifica porque em percepção e cognição ambientais trabalhamos quase que, apenas, com a percepção visual. A luz refletida pelos objetos transforma-os em estímulos visuais, que são projetados em duas dimensões na superfície plana da retina e são levados como impulsos nervosos até o ponto da visão, na região occipital do córtex cerebral, e é aí que se recupera a terceira dimensão, engendrando nossa percepção visual em três dimensões.

Os filtros culturais e individuais são produto de interesse, da necessidade e da motivação. São tão importantes, em nossa percepção, que muitas vezes determinam as tomadas de decisões e nos conduzem às tomadas de consciência.

Assim, entendemos, segundo Piaget, a *percepção* como uma construção empírica que progride por etapas e que jamais se apresenta como uma "leitura de experiência"; e a *inteligência* como um sistema de ações e operações que são grupadas em estruturas sucessivas de acordo com um processo e um ritmo genéticos regidos pelas leis de equilíbrio. A função intelectual, em seu aspecto dinâmico, é também caracterizada pelos processos invariantes da assimilação e acomodação. Essas duas compreendem um modo de organização, que constituem a *cognição*. Cada ato de inteligência presume um tipo de estrutura intelectual e um modo de organização. Por sua vez, a apreensão da realidade sempre envolve múltiplas inter-relações entre ações cognitivas e entre conceitos e compreensão que essas ações expressam. Enquanto *conhecer* consiste em construir ou reconstruir o objeto do conhecimento para poder apreender o mecanismo de sua construção, a *imagem mental* será considerada como uma imitação interiorizada, não sendo uma cópia do objeto, mas um correlato (Figura 1).

Entre percepção e inteligência, Piaget reconhece atividades mentais intermediárias e define essa atividade perceptiva como um processo que supõe deslocamento dos órgãos sensoriais no espaço, comparações no tempo, transposições, antecipações,

Figura 1 – Esquema do processo perceptivo cognitivo

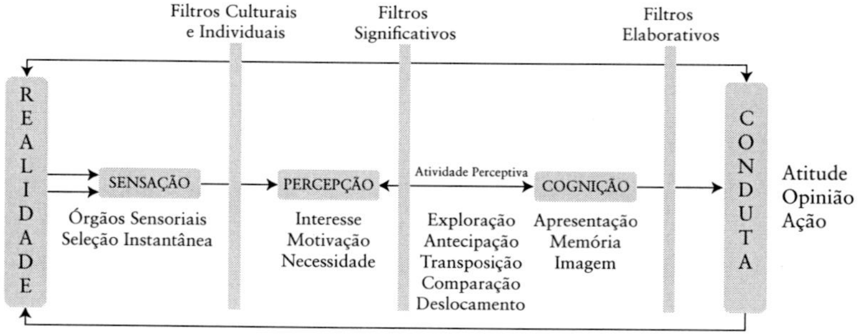


Fonte: organizado pela autora.

enfim, explorações. Entre a percepção e a inteligência se interpõe como um *continuum* em ambas as direções a atividade perceptiva. Assim sendo, essa atividade perceptiva está intimamente vinculada à cognitiva, pois é esta que engendra aquela, e a resposta do indivíduo se apresenta como resultado da equilibração entre suas estruturas internas (biológicas e mentais) e as externas (ambientais, culturais, sociais, econômicas). Portanto, a conduta humana é tão complexa que não pode ser reduzida a simples termos convencionais, pois o sistema homem é alimentado por um tipo de energia tremendamente dinâmico e segundo ritmos e regulações muito sofisticadas que é a afetividade. Os processadores desse sistema não atuam somente em um plano, mas em vários, tais como: sensório-motor, perceptivo, simbólico, intuitivo, representativo, operatório (concreto e formal). Por outro lado, a *representação* é a capacidade de evocar um signo ou símbolo, o objeto ausente ou a atividade realizada, independentemente da percepção.

Convém lembrar que tanto a percepção/cognição como a conduta espacial estão na dependência do conhecimento, da atitude, da opinião que o indivíduo tenha do espaço. Isso equivale a dizer que subjacente à ação (perceptiva e cognitiva) exercida sobre um determinado espaço se constrói sempre uma noção de espaço e, mais ainda, a adoção de uma teoria que conceitualize o espaço em termos de definição, limitação, classificação, função, hierarquização, organização etc. São esses termos que determinam a escolha da representação cartográfica do espaço.

As atitudes, os valores e os símbolos revelam características espaciais em termos da natureza e da cultura. Todas essas observações necessitam ser encaradas diante das tendências contemporâneas de uniformização de atitudes, homogeneização de valores e de transformação de símbolos tendendo a se dissolver pela ação avassaladora da industrialização e urbanização modernas.

## PERCEPÇÃO AMBIENTAL

> *Os meios utilizados para atingir os resultados geralmente são mais impressionantes do que os próprios resultados.*
>
> (Tuan, 1980, p.3)

Alguns autores preferem a denominação Percepção do Meio Ambiente à expressão Percepção Ambiental, pois o primeiro é mais abrangente, mais compreensivo, e quando adjetivamos a percepção restringimos seu significado. Contudo, o que parece é que a maioria dos estudiosos vem trabalhando mais com percepção ambiental do que propriamente com a percepção do meio ambiente. Del Rio e Oliveira (1996) denominaram seu livro pioneiro de *Percepção ambiental*: a experiência brasileira.

O que fica claro nessa obra, já um clássico, é que foram abertas novas perspectivas para uma gama de profissionais e estudiosos, desde arquitetos, geógrafos, urbanistas, economistas, sociólogos, psicólogos, ecólogos, juristas, biólogos, educadores até planejadores, atingindo um público geral, e, em particular, aqueles interessados em meio ambiente.

Percepção ambiental não é de fácil definição; mais vale experienciá-la do que defini-la. Enquanto conceito, difere segundo o estudioso, cada um dando ênfase a sua especialidade. Cada um atribuindo maior ou menor intensidade ao aspecto abordado, à sutileza de compreensão, ou, ainda ao modo de expressão. A resposta dada à percepção ambiental também será variada: cultural, econômica, artística, geográfica, histórica, ecológica, afetiva. O que sabemos é que cada profissional atribuirá significados diferentes à percepção ambiental que pesquisará ou empregará em sua investigação, quer científica, ou empírica. Porém, todos aplicarão métodos qualitativos, muito mais que quantitativos.

O que importa, em se tratando de percepção ambiental, é que todos se preocupam com os impactos ambientais que ocorrem no meio ambiente natural ou construído, pois a noção de impacto ambiental se ampliou consideravelmente. Necessário se faz proceder a um parêntese para tecer algumas considerações sobre meio ambiente. Atualmente, o sentido que se atribui ao termo meio ambiente é tudo e todos que nos rodeiam: o natural e o construído; o perto e o distante; o que amamos; é tanto o social quanto o religioso; o concreto e o abstrato; o visível e o não visível. Assim concebido, para se estudar, pesquisar o meio ambiente, deve-se recorrer a uma equipe interdisciplinar, cada elemento contribuindo para sua esfera. Em outras palavras, pode-se mesmo afirmar que é multidisciplinar, podendo-se dizer que é transdisciplinar.

O que queremos enfatizar, aqui, é que a abordagem perceptiva/cognitiva em relação ao ambiente exige uma plêiade de interessados; pois o problema não é simples, mas muito dinâmico, complexo, e implica afetividade. Como as indagações são imbricadas, as respostas também serão intricadas, esperando que o planejamento para o ambiental conte um número necessário de profissionais para se chegar a uma solução satisfatória.

Quando se trata de percepção ambiental, trata-se, no fundo, de visão de mundo, de visão de meio ambiente físico, natural e humanizado, na maioria é sociocultural e parcialmente é individual; é experiência em grupo ou particularizada; é uma atitude, uma posição, um valor, uma avaliação que se faz de nosso ambiente. Ou seja, usando o neologismo topofilia, para expressar os laços afetivos que desenvolvemos em relação ao nosso meio ambiente, direta ou simbolicamente.

Concordamos com a maioria dos intelectuais que consideram a questão ambiental e a percepção ambiental os problemas cruciais para o século XXI, como nos séculos XIX e XX foi a questão social. Contudo, não estamos preparados nem política nem afetivamente para enfrentar questões referentes às relações entre natureza e sociedade. A nosso ver, a questão exige que equacionemos a solução para o problema sob um ponto de vista ético, muito mais do que socioeconômico. Enquanto ignorarmos que o meio ambiente é finito, nem sempre renovável e inesgotável, e não desenvolvermos uma afetividade em relação a ele, continuaremos a usá-lo e depredá-lo sem misericórdia e sem fim. Em geral, para nós, a ideia de que o meio ambiente é uma paisagem banal, do cotidiano, e nosso planeta é estático, tranquilo e imutável, não é correta, ao contrário, apesar de ser silencioso e aprazível, esse ambiente se apresenta de maneira explosiva e inesperada.

## PERCEPÇÃO AMBIENTAL URBANA

> *A apreensão dos lugares dá-se, necessariamente, a partir de sua forma física, conforme diversas abordagens arquitetônicas e geográficas da cidade, e também nos estudos centrados nos mecanismos cognitivos.*
>
> (Kohlsdorf, 1996, p.31)

A cidade sempre se apresentou aos homens como ideal, como oportunidade de realizações, como se colocando acima das vicissitudes biológicas; eram homens livres que viviam intramuros nas urbes; eram cidadãos que viviam na cidade, enquanto os servos e camponeses viviam no campo. A cidade sempre apresentou o poder, sempre sediou o rei, o sacerdote, o governante, a capital do território. Suas contradições indicavam a organização social, simbolizavam o orgulho nacional. A cidade atendia às necessidades simbólicas, rituais, comerciais e culturais de um povo, de uma nação.

A história da cidade foi sempre percebida como uma simbolização cósmica, daí os desenhos geométricos de suas ruas, praças, jardins e palácios e, consequentemente, suas construções seguiam padrões arquitetônicos para atender as necessidades dos habitantes. Desde o início, as pessoas se aglomeravam em grupos por atividades, revelando um mosaico urbano. Aqui os artesãos, ali os comerciantes, acolá os clérigos, mais além os governantes. Também, as edificações começaram a se especializar em: oficinas, lojas, igrejas, palácios, as construções de casas de moradia surgiram e se multiplicavam.

As cidades modernas são vistas como conglomerados de casas residenciais, de prédios de trabalho, de edifícios públicos, de templos religiosos, de acervos de museus, de parques e praças. Para se estabelecerem relações perceptivas e cognitivas com o espeço urbano é preciso considerar os anseios da população: o que quer, o que gosta/não gosta, o que sonha, o que espera do futuro. Os governantes e os planejadores devem partir de baixo para cima. Primeiro fornecer informações dos planos, depois saber das necessidades e vontades da comunidade.

Aí que entra a percepção ambiental urbana. Como os indivíduos ou grupos percebem o meio ambiente? De que maneira esse meio ambiente era e é visto pela sociedade? Lembrar à própria sociedade que a implantação de uma cidade está sobre um relevo, sobre um solo, constituído de rochas e sedimentos; que antes havia uma cobertura vegetal natural, que abrigava pássaros e animais, insetos e répteis; que as águas drenadas eram limpas e potáveis. Especialmente em cidades grandes, de proporções metropolitanas, essas lembranças são esquecidas. Só são lembradas quando, após as chuvas torrenciais de verão, os córregos estouram as tubulações e os rios provocam enchentes, cobrando seus espaços para espraiarem suas águas atingindo as várzeas, que sempre formaram seus domínios.

Precisamos mudar essa maneira de perceber e conhecer a natureza; precisamos reconhecer os direitos da natureza; desenvolver uma consciência pública e individual, insistir na informação básica e na comunicação; e talvez, o mais importante, formar atitudes e condutas positivas e afetivas para com o meio ambiente, conduzindo toda a comunidade a reconhecer a topofilia como elo fundamental entre as pessoas e seus lugares.

A percepção e a cognição ambiental precisam ser questionadas de maneira integrada; perceber e conhecer a cidade como constituída de partes imbricadas e não segmentadas; assim sendo, as favelas e as periferias, os bairros residenciais de classe alta e média, os distritos comerciais e culturais são partes do todo e não polos da realidade, não podendo ser enfrentados separadamente. A tendência é perceber em separado e procurar resolver questões também separadamente.

Em se tratando de percepção ambiental urbana é fundamental prever e organizar áreas recreacionais intraurbanas. É preciso planejá-las no tempo e no espaço, considerando as dimensões duração e extensão. Sabe-se, perfeitamente, que as áreas recreacionais, denominadas parques de diversão, *playground*, áreas verdes, campinhos de futebol ou de basquete, são locais onde se pode passar o tempo, se divertir, folgar, sentir prazer ao ar livre. Portanto, elas necessitam de uma concretização no espaço, de uma extensão que comporte os equipamentos de recreação, desde sofisticados aparelhos de diversão até uma simples bola.

As áreas recreacionais têm início e fim, enquanto são usadas, valorizadas e consideradas principalmente por crianças, adolescentes e velhos. Em geral, quando instaladas ostentam-se limpas, lindas e arborizadas, com bancos e canteiros floridos e muito agradáveis. No decorrer dos anos se observam: bancos quebrados, lixo espalhado, canteiros cheios de mato, áreas decepadas, indicando um desleixo generalizado por parte das autoridades e também pelos usuários, que cresceram, se tornaram adultos e se desinteressaram por essas áreas. Os novos usuários procuram novas áreas de recreação.

Do ponto de vista ambiental, tanto perceptivo como cognitivo, os planejadores e urbanistas, ao implantarem uma área verde recreacional, devem considerar a localização, o uso, a finalidade em relação aos citadinos, moradores ou visitantes da cidade.

Na realidade, não estamos preparados para enfrentar problemas ambientais urbanos de magnitudes metropolitanas. Ao ser fundada uma cidade, em geral, não são respeitadas as leis da natureza do sítio urbano. O exemplo da metrópole de São Paulo: as várzeas dos rios e córregos foram ocupadas indiscriminadamente, nem foram preservadas as vegetações ribeirinhas; o relevo também não foi respeitado, as ruas em geral cortam os taludes, não seguindo as curvas de nível. Esses aspectos são apenas exemplos de outros inúmeros. Essa tendência se repete em todos os bairros, revelando uma falta de percepção e cognição ambientais elementares. Acrescentam-se aos outros problemas: ausência de informação às pessoas sobre o ciclo hidrológico da água, a sazonalidade das chuvas, o preparo das construções, a regulamentação do uso da terra etc.

Apesar de questões ambientais relevantes, da violência, do congestionamento do trânsito, do aglomerado das multidões, a grande cidade ainda permanece como símbolo cósmico da liberdade individual, do clímax da cultura, das experiências estéticas, da modernidade, do bem viver.

## PERCEPÇÃO AMBIENTAL RURAL

> *Em todos os lugares da Terra, desde o Período Neolítico, derrubaram árvores para criar lavoura e para estabelecer seus povoados.*
>
> (Dubos, 1981, p.60-1)

Outro lado da moeda da percepção ambiental urbana é a percepção ambiental rural. O campo sempre se opôs à cidade; porém sempre interligados, interdependentes, imbricados, constituindo um todo inseparável. A cidade necessita das *commodities* produzidas pelo campo e, por sua vez, o campo necessita de que a cidade consuma seus produtos.

As características próprias do rural são os campos de cultivo e de criação de animais, o maquinário agrícola, as instalações próprias, as estradas vicinais, as moradias, constituindo uma paisagem própria, bem diferente daquela encontrada na cidade. Talvez o mais marcante na paisagem rural seja a cor verde das plantações, entremeadas pelos capões residuais de antigas florestas. Esse mar verde dos cultivos esconde o mais grave problema ambiental: o uso desregrado de agrotóxicos, que tem sido prejudicial tanto para o meio ambiente quanto para os trabalhadores rurais. Diante disso, aparecem as questões ambientais que não têm sido consideradas prioritárias, nem centrais; são questões que exigem visibilidade e dizem respeito diretamente à percepção e cognição ambientais.

É preciso mudar a maneira de se perceber o meio ambiente rural, não mais como um recurso inesgotável, pois a ação humana como resposta à percepção ambiental agrava, às vezes, a situação do campo, permitindo o aparecimento de problemas insanáveis, tais como: erosão dos solos (voçorocas), poluição dos rios e dos lençóis freáticos, queimadas, escorregamentos de barrancos, enchentes. Isso tudo como contraposição aos frágeis arranjos dos sistemas da natureza, pois estamos usando e consumindo nosso patrimônio ambiental em ritmos absolutamente desastrosos, impedidos de perceber que ameaçamos não apenas, o meio ambiente, mas também a nós mesmos.

O maquinário agrícola, cada vez mais utilizado, cada vez mais moderno, tem marcado a paisagem rural, pois a enxada, o arado puxado a animal e o carro de boi vêm desaparecendo, quando antes eram elementos marcantes nas cenas do campo. Hoje em dia, implementos agrícolas como a enxada, o enxadão, a foice e o arado são peças de museu de curiosidade. São encontrados somente em agriculturas primitivas. No panorama agrícola, vários elementos não são visíveis, como os adubos, os praguicidas, as inseminações artificiais, mas, intrinsecamente, constituem a paisagem.

Como não deixar de destacar as moradias rurais: com as casas dispondo de água encanada, luz elétrica, banheiros, vários cômodos, cozinhas aparelhadas bem recentemente, contando com conduções próprias (automóveis e caminhonetes modernas e velozes).

Esse cenário das plantações imensas e dos rebanhos numerosos marca, indelevelmente, a cultura do agronegócio, comercial e globalizada e, principalmente, voltada para a exportação. A percepção ambiental da paisagem rural é sempre eivada de pobrezas e de riquezas, pois o campo está sempre subordinado quanto às dependências: climáticas (pouca/muita chuva); econômicas (custo/benefício); mercado (alto/baixo); maquinarias (avançadas/obsoletas); sementes (transgênicas/comuns); culturais (modernas/tradicionais); fundiárias (latifúndio/minifúndio); cultivos (lavouras/pastagens). Os empresários rurais, como donos ou como trabalhadores, estão sempre submetidos a escolhas entre o mais rentável, mais produtivo e menos oneroso.

Muitas vezes, essas escolhas dependem da percepção e da cognição do momento, que necessariamente vão influenciar em um futuro próximo ou longínquo. Essas tomadas de decisões são cruciais, pois precisam ser decididas rapidamente: o que plantar/criar, em que terrenos/solos, financiar ou não a safra. Todas essas decisões a serem tomadas dependem diretamente das informações disponíveis e obtidas. Uma fração de dia ou meses, no atraso da decisão compromete toda uma vida de trabalho e dedicação.

Talvez a percepção ambiental rural seja tão importante quanto a urbana, porque nós, acadêmicos, não separamos a paisagem urbana da rural. Essas constituem-se num contínuo territorial geográfico e histórico, intercalados de vilas e povoados, limitados por estradas e caminhos.

## PERCEPÇÃO AMBIENTAL DAS REGIÕES SELVAGENS

> *O uso da frase "Namorando a Terra" por Tagore sugere que o relacionamento entre a espécie humana e a natureza devia ser de respeito e de amor e não de domínio... além disso, o efeito é mais interessante quando ambos os parceiros conservam elementos de sua individualidade, de seu próprio estado primitivo.*
>
> (Dubos, 1981, p.66)

O termo selvagem é genérico e é aplicado às regiões virgens, sem ou com pouco contato com o civilizado. As regiões selvagens correspondem às florestas equatoriais (da Amazônia), e frias (do Alaska); às cadeias montanhosas (do Himalaia, dos Andes); aos extensos desertos (do Saara, do Atacama); às ilhas oceânicas (do Pacífico, do Índico); às grandes geleiras (do Ártico e do Antártico); às áreas pantanosas (da península da Flórida e do interior da Mongólia), todos esses exemplos são partes do planeta, em geral, inabitáveis.

Para os ecólogos e ambientalistas, selvagem define todo e qualquer meio ambiente não tocado pelas atividades humanas. Porém, ainda carrega, intrinsecamente, uma conotação de repulsa, de insegurança e de exótico. A palavra está ligada a lugar natural ou artificial, onde a pessoa experimenta perplexidade e confusão. A natureza selvagem foi e ainda é considerada como hostil e cruel, refúgio do mal e de bruxaria. Muitos também denominam de selvagem lugares urbanos, com conjuntos de edifícios amontoados, indicando hostilidade e corrupção, uma "selva de pedras".

O meio ambiente selvagem só foi percebido e valorizado, não pelos rurais, mas pelos urbanos, quando perceberam e constataram uma separação entre o homem e a natureza. Essa visão surgiu na Europa, entre pessoas cultas que sentiam necessidade de um contato com um ambiente selvagem puro, intocado, não por amor, mas como busca de um enobrecimento emocional e intelectual. Com o romantismo, o ambiente selvagem tornou-se tema de conversas, de literatura, de pintura; virou moda a procura de lugares com belos atributos da natureza, tais como floresta, rios, savanas, montanhas. Eram locais que gozavam de mistério e encantamento.

Essa percepção das regiões selvagens somente mais tarde foi enriquecida pela ciência. Foi deixada a ideia de que os desertos, os pântanos, as ilhas isoladas abrigavam os maus espíritos e eram deformidades da superfície terrestre. Foi então que os cientistas e eruditos conheceram e perceberam esses fenômenos da natureza como expressão da ordem natural e das diversas obras humanas construídas. Apesar de séculos terem passado, muitas pessoas, habitantes tanto da cidade como do campo, ainda sentem medo, experimentam sensações de insegurança quando se defrontam ou adentram lugares selvagens. A natureza selvagem provoca sentimentos opostos; é a criação divina em seu estado puro; é a beleza rude e exótica; entretanto, é muito perigosa e traiçoeira, abrigo de animais ferozes e plantas venenosas.

As regiões selvagens, na atualidade, vêm despertando cada vez mais interesse e exigindo a necessidade de preservar os ecossistemas únicos e incomparáveis e de extensões maiores possíveis. Reconhecemos que o selvagem é mais um símbolo dos processos naturais ordenados; é mais como um espírito, é mais subjetivo do que objetivo, é mais uma descrição de uma paisagem longínqua, de difícil conceituação. Podemos descrevê-lo como aquela natureza virgem, que não é o campo e nem o seu oposto, a cidade. Tanto o campo como a cidade são construções humanas, feitas inteiramente pelo homem, são duas polaridades, uma antítese da outra, de onde sugere um termo intermédio, que não é rural nem urbano, mas o selvagem.

A ideia que sempre prevaleceu entre as relações sociedade/natureza é que os biomas conservados representam entraves ao desenvolvimento econômico, ao progresso. A sociedade sempre utilizou os recursos naturais de uma maneira exploradora, não se preocupando com a reposição vegetal ou animal, ou com estratégias racionais com a exploração dos minerais. O mito da natureza inesgotável, que se pode destruir e que sempre existirão recursos, que sempre serão renovados, tem sido a tônica durante milênios da ocupação do homem sobre a Terra.

O exemplo clássico e mais próximo de nós mesmos é nossa ocupação do território, agora denominado brasileiro, nesses 500 anos de história. A destruição da cobertura representada pela Mata Atlântica, a ocupação desordenada do cerrado do Brasil Central e mais recentemente a derrubada da floresta amazônica. Tudo isso vem acontecendo diante dos nossos olhos; somos informados pela mídia, diariamente, com a intensificação da tecnologia. A alteração do mundo natural atende a propósitos imediatistas e individualistas. Nem sempre o homem comum ou mesmo os administradores relacionam as causas e os efeitos.

Por que assistimos às piores secas, como as da Amazônia, ou às piores enchentes no Sudeste? Talvez porque sempre encaramos ou percebemos a natureza como estática, um cenário silencioso, uma paisagem tranquila, aprazível; esquecemo-nos ou não percebemos que a natureza é extremamente dinâmica, é um sistema complexo, contendo fluxos de matéria e energia, e que o homem surgiu apenas há algum tempo sobre a superfície terrestre. O que dizermos sobre a proposta governamental da transposição do rio São Francisco? Há milênios o rio tem esse curso e vem construindo seu talvegue, suas várzeas, seus meandros, e lutando bravamente contra a poluição e mau uso.

Não conhecemos inteiramente as leis da natureza e queremos interferir nelas. Lembramos que o poder que temos sobre o meio ambiente não nos permite exercer controle sobre ele. Temos tido o poder de destruição (devastação florestal, drenagem de mangues, poluição dos rios e dos solos); no entanto, não temos poder de reconstruir esses biomas, de maneira rápida e eficaz, não sabemos como redesenhar nossa biosfera. A ciência investiga a natureza, chegando mais perto o possível da realidade em relação a outros sistemas de crença e conhecimento. Sabemos que o conhecimento científico é neutro, do ponto de vista ético, desprovido de valor, não libertando o homem, apenas aumentando seu poder. A ciência não se preocupa, essencialmente, com a felicidade do homem, mas com a verdade científica.

Talvez seja necessário e premente equacionar a questão ambiental como um todo, não abordando separadamente o econômico do social. Para tanto, será preciso educar as pessoas a perceber e a conhecer seu meio ambiente com suas fragilidades e seus poderes e, primordialmente, desenvolver sentimentos de afetividade. Não basta conhecer, é indispensável amar, gostar da natureza, quer urbana, rural ou selvagem. Gostar implica respeitar, "cativar", reverenciar e aceitar, não com simples emoção, mas com o intelecto, com a esperança de melhoramentos.

## PERSPECTIVAS PARA UMA PERCEPÇÃO AMBIENTAL

> *A ideia de que podemos manejar a Terra e aperfeiçoar a natureza é provavelmente a expressão máxima da presunção humana, mas tem profundas raízes no passado e é quase universal.*
>
> (Dubos, 1981, p.74)

Para que a percepção ambiental ocupe um lugar de destaque dentre as prioridades atuais, necessitamos de mais pesquisas de campo e de estudos metodológicos. Necessitamos desenvolver uma tomada de consciência ambiental, uma atitude ética e afetiva em relação ao meio ambiente.

Desejamos, por um lado, preservar e conservar os animais e as plantas selvagens, com seus biomas, porque reconhecemos seus direitos naturais. De outro lado, não queremos alterações em relação às nossas paisagens históricas, representantes de nosso patrimônio ambiental humanizado, como os vinhedos da França, as represas e canais artificiais, os trajetos das rodovias e ferrovias modernas com seus túneis e viadutos, as pontes de madeira e as de concreto, os castelos e os arranha-céus, as fazendas coloniais. Nossas atitudes são ambivalentes, gerando conflitos entre a recreação e o turismo e a preservação e conservação das regiões selvagens.

Enquanto a população mundial era relativamente pequena e a tecnologia não tinha atingido os patamares de desenvolvimento, a intervenção humana não era significativa. Porém, quando atingimos um contingente de bilhões e bilhões de habitantes e dispomos de técnicas sofisticadas de rapidez e eficácia para explorar e devastar a natureza, a questão se revela crucial, premente e prioritária. Aí, entram os estudos de percepção e cognição ambiental. Urge que modifiquemos, atualizemos e transformemos nossas condutas, atitudes e valores.

Os ecossistemas naturais distinguem-se das comunidades humanas, porém, ambos são dependentes das condições ambientais em escalas variadas. A presença humana é sempre um fator preponderante nas relações sistêmicas com o meio ambiente. Mesmo atualmente, o meio ambiente também desempenha um papel decisivo em situações globais ou locais, como nos casos de maremotos, ciclones, terremotos, avalanches, estiagens prolongadas, inundações ou calores intensos. Nessas situações, os seres humanos se veem dependentes das fúrias naturais, se sentem impotentes para lidar com os aspectos físicos geográficos da natureza. "O admirável mundo novo" só previu e trabalhou com os controles biológicos, sociais e culturais, não previu nem se interessou com os climáticos, tectônicos, oceânicos ou terrestres. Por isso, "o mundo novo" seria quase perfeito e equilibrado.

Nos últimos dois séculos do milênio anterior, assistimos a revoluções e muitas discussões sobre direitos humanos: direito da mulher, da criança, do idoso, das minorias raciais e religiosas. Chegamos até a estruturar as Nações Unidas para congregar as nações e os povos do planeta. Organizamos associações governamentais e não governamentais para lutarem contra discriminação, pobreza, desamparo, e a favor da habitação e da vida decentes, da água potável, das estradas conservadas, da energia elétrica, da alimentação básica para todos, independente da etnia, religião e localização geográfica.

Em grande parte, no segundo quartel do século XX, atingimos patamares razoáveis, principalmente nos aspectos sanitário e de higiene: a vacinação de crianças e adultos contra várias doenças endêmicas, os transplantes de órgãos vitais, a coleta e tratamento do lixo, a recuperação de bacias hidrográficas, o combate de endemias (malária, fome, desnutrição). Quanto aos aspectos políticos, assistimos à luta a favor das eleições livres e do combate ao autoritarismo, às ditaduras sangrentas e indiscriminadas.

Quanto aos aspectos socioeconômicos, relativamente se fez pouco: as diferenças de classes sociais e a distribuição de renda ainda são marcantes nas paisagens geográficas. Permanecem os ricos e abastados de um lado, e os pobres e subdesenvolvidos de outro. Quanto aos aspectos ambientais, defrontamos com um quadro mais ou menos semelhante aos demais: a percepção e a cognição em relação ao meio ambiente foram auspiciosas, pois despertamos para a natureza, nos interessamos pelo ambiente natural, estamos desenvolvendo um sentimento de afetividade especial para com os animais e plantas selvagens, estamos tomando consciência de necessidade de preservação, conservação e recuperação ambiental. Hoje há ecólogos, geógrafos, ambientalistas, biólogos e outros mais estudando, pesquisando, trabalhando nessa área. Diríamos, como Tuan, que a topofilia floresceu entre os homens. Esse elo afetivo para com o lugar surgiu concreta e vividamente, como uma experiência pessoal e coletiva, e persistirá entre nós, "incluindo todos os laços afetivos dos seres humanos com o meio ambiente material".

Não devemos nos esquecer de que o despertar do sentimento topofílico também apresenta seu reverso: o sentimento topofóbico. Muitas pessoas desenvolvem uma topofobia em relação a certos lugares, em geral, relacionadas com a emoção, as lembranças, os acontecimentos e sentem verdadeiras fobias por alguns lugares e espaços. Ainda podemos nos defrontar com um topocídio de um lugar. Exemplo de desaparecimento de vilas e povoados resultantes da inundação de áreas para construir represas. Mais recentemente, assistimos à busca de uma toporreabilitação para paisagens valorizadas e consideradas únicas, por empresas estatais e não estatais, patrocinando a recuperação de cidades antigas, edifícios, obras arquitetônicas e formação de profissionais para esse mister.

Esses têm sido e deverão ser os direitos e os deveres humanos para as construções históricas e modernas, a serem preservadas para a posteridade. Mas quais são os direitos e deveres para com o natural? O que preservar ou conservar, ou reconstruir do natural, do selvagem? Cada sociedade, cada comunidade percebe de uma maneira, valoriza certos aspectos, prioriza algumas atitudes, prepara a seu modo as relações ambientais. Este século será marcado pelos direitos naturais. Temos tomado consciência de que a natureza exige atenção respeitosa, reclama que a leis sejam cumpridas e implementadas, que os códigos sejam acatados e, principalmente, que aprofundemos nossos conhecimentos em relação ao meio ambiente. A política ambiental deve ser abordada tanto como local, como mundialmente, pois hoje vivemos em uma "aldeia global", as interações acontecem aqui e agora, lá e acolá, em todas as partes.

As perspectivas para uma percepção/cognição ambiental devem incluir não apenas admiração pelas belezas exóticas e únicas, mas também a recuperação de biomas degradados, preservando a diversidade genética da biota. Lembremos sempre que não vivemos em regiões selvagens, mas necessitamos delas para nossa sobrevivência psicológica e biológica. Reconhecemos que nossa experiência com o selvagem, apesar de indireta e passageira, é imprescindível para manter nosso equilíbrio e harmonia com o meio ambiente como um todo. Nosso contato com o selvagem, com a natureza intocada, tem sido realizado, indiretamente, pela mídia. Quem aprecia os vídeos e os filmes sobre as regiões selvagens? Quem não sonha em participar de um safári fotográfico no Pantanal ou nas savanas africanas, para "ver" os animais e principalmente as aves coloridas? Quem não fantasia uma viagem submarina para descortinar o fundo do mar e seus misteriosos peixes, corais e algas?

Por tudo isso, e talvez muito mais, é preciso passar da visão utópica para a ação efetiva, para uma ética em relação ao manejo da Terra, para uma afetividade positiva por nosso planeta, atingindo a "corte amorosa da Terra". São razões estéticas e morais, além das econômicas e ecológicas, para preservar e conservar paisagens geográficas e históricas.

Termino com as palavras de René Dubos (1975, p.234), em seu livro *Um Deus interior*: "Muitas vezes é difícil manter a fé no destino do Homem, mas é certamente uma atitude covarde desesperar dos fatos".

# PARTE III
# PAISAGEM E PERCEPÇÃO GEOGRÁFICA

# 7
# PERCEPÇÃO DA PAISAGEM GEOGRÁFICA
## PIAGET, GIBSON E TUAN

A questão do espaço é muito complexa e pode ser estudada de vários pontos de vista. A respeito da construção do espaço pela criança, incluindo como ela percebe e representa o espaço, a teoria de Piaget se destaca pelo esforço na investigação do problema. Piaget e seus colaboradores vêm-se preocupando com o espaço há várias décadas, como atestam os inúmeros livros e experimentos dedicados ao assunto.

### PIAGET: PERCEPÇÃO E INTELIGÊNCIA

O Grupo de Genebra aborda o espaço dos pontos de vista psicológico e epistemológico. A abordagem psicológica piagetiana apresenta o desenvolvimento mental da noção de espaço na criança como uma construção, na qual há uma interação entre percepção e a representação espaciais. Mas convém destacar que o desenvolvimento do espaço, como não poderia deixar de ser, é coerente com o desenvolvimento mental da criança como um todo.

Entre todos os trabalhos sobre psicologia infantil, Piaget incluiu, desde o início da década de XX, estudos acerca do espaço: investiga a representação do espaço, assim como a do mundo, e a gênese da geometria espontânea nas crianças. Investiga também como a criança constrói a realidade, mediante o relacionamento do objeto com o espaço, e como desenvolve a formação do símbolo, mediante a imitação e o jogo. A preocupação de Piaget se estende aos mecanismos perceptivos e à imagem mental, atribuindo um papel importante, mas não decisivo, a esses aspectos, no desenvolvimento da mente.

A obra de Piaget é um todo que exige por parte do leitor um conhecimento do que já foi denominado por Battro (1971) de "Sistema de Piaget", para não correr o risco de, conhecendo apenas um aspecto, confundir a parte com o todo.

Piaget (1961) concebe a conduta humana como uma adaptação ou mesmo como uma contínua readaptação. A conduta é explicada como trocas funcionais entre o indivíduo e o meio exterior, comportando dois aspectos intimamente interdependentes: o cognitivo e o afetivo.

Enquanto o aspecto cognitivo se refere à estruturação da conduta, o afetivo pode ser compreendido como sua energia ou economia, porquanto os sentimentos são os responsáveis pela regulação das energias internas (interesses) e pelas trocas externas (valores). Para Piaget, a vida cognitiva e a vida afetiva são inerentes, apesar de distintas. Não podem ser separadas, porque toda troca com o meio supõe ao mesmo tempo uma estruturação e uma valorização, não podendo uma ser reduzida à outra. Ainda mais, a inteligência é concebida como um sistema de operações vivas e atuantes; é uma tendência para as formas superiores de organização e equilíbrio; é muito mais um ponto de chegada do que de partida. Assim posto, o desenvolvimento mental é uma construção que se processa por meio de sucessivas adaptações entre o indivíduo e o meio, e que evolui por etapas sequenciais. A adaptação mental deve ser encarada como o equilíbrio entre as ações do indivíduo sobre o meio e deste sobre aquele, e é uma função intelectual constituída por dois processos: a assimilação e a acomodação.

A assimilação consiste na ação do indivíduo sobre os objetos de seu meio, no sentido de procurar incorporá-los aos esquemas de sua conduta: o indivíduo impõe sua organização, agindo ativamente sobre o meio. Na acomodação, é o meio que age sobre o indivíduo, isto é, é o processo pelo qual o sujeito se acomoda ao objeto, modificando os seus esquemas de assimilação, o que lhe permite enfrentar o meio exterior. Mas, ao mesmo tempo que o indivíduo se acomoda, ele também assimila, pois os elementos novos são incorporados a esquemas que já existem, os quais a inteligência modifica para poder ajustá-los às novas informações. O processo de adaptação é desenvolvido durante toda a infância e adolescência, havendo uma sucessão de várias formas de adaptação, o que equivale dizer que o indivíduo procura continuamente equilibrar a assimilação e a acomodação.

Em outras palavras, Piaget (1971) afirma que a inteligência avança de um estado no qual a acomodação ao meio é indiferenciada da assimilação dos objetos aos esquemas do indivíduo, para um estado no qual a acomodação de esquemas múltiplos é distinta de sua assimilação recíproca, ou seja, a assimilação e a acomodação procedem de um estado caótico de indiferenciação para um estado de diferenciação, com coordenação correlativa.

Piaget aponta vários tipos de ação concreta dos anos iniciais da infância (jogo, imitação, linguagem, imagem mental, grafismo) a que a criança recorre para desenvolver sua adaptação. A imitação e o jogo são os dois polos de equilíbrio intelectual, que supõem uma coordenação entre a acomodação, fonte de imitação, e a assimilação lúdica. É essa coordenação que possibilita a representação efetiva na criança.

Além da imitação e do jogo, Piaget considera o desenho uma ação concreta que ajuda a criança a interpretar o mundo por meio da imitação do real. O desenho é uma acomodação imitativa.

O desenvolvimento mental, segundo Piaget, pode assim ser resumido e caracterizado:

I. *Período sensório motor*: estende-se desde o nascimento até a aparição da linguagem, compreendendo, pois, mais ou menos os dois primeiros anos de vida. A inteligência sensório-motora é a ação prática do sujeito sobre a própria realidade.

II. *Período pré-operatório*: apresenta-se como uma etapa de preparação e organização das operações concretas de classes, relações e números. Esse período se inicia com o aparecimento da função simbólica, que permite o uso das palavras de maneira simbólica e termina quando a criança é capaz de organizar seu pensamento mediante operações concretas. O período apresenta duas etapas distintas: a) pensamento representativo, que se estende até ao redor dos quatro anos e se caracteriza pelas funções simbólica e representativa; e b) pensamento intuitivo dominado pelas percepções imediatas, isto é, pelo aspecto ao qual se prende a atenção, e se caracteriza pela incapacidade de guardar mais do que uma relação ao mesmo tempo.

Esse é o período de elaboração de noções tais como classes, séries e relações, que permitirão à criança, no período seguinte, operar com as noções de número e espaço.

III. *Período operatório*: inicia-se ao redor de 6-7 anos, com o aparecimento da noção de invariância. Sucessivamente, aparecem as noções de conservação de substância, do peso e do volume. Quando o indivíduo domina essas três conservações, mais ou menos entre 11-12 anos, atinge a etapa final desse período.

Assim, o período possui dois subperíodos: a) das operações concretas, quando o sujeito opera sobre os objetos ou sobre as ações exercidas sobre os objetos; e b) das operações lógicas, quando o indivíduo opera sobre operações, prescindindo da presença concreta do objeto.

A inteligência operatória concreta permite à criança acompanhar as transformações sucessivas do objeto, descentrando sua atenção e estabelecendo caminhos de ida e de volta para poder apreendê-lo como um todo, atingindo assim um nível de equilíbrio mais estável entre a acomodação e a assimilação.

A operação é a interiorização da ação e possui propriedades como: reversibilidade, transitividade, mobilidade e associatividade. Porém o sujeito, em suas relações com o meio, ainda se prende ao objeto ou às ações exercidas sobre ele. É somente a inteligência operatória formal que permite ao indivíduo desprender-se do objeto e pensar em todas as possíveis relações entre o sujeito e objeto. É o pensamento lógico-matemático que permite ao indivíduo conceber a realidade como uma das *n* possibilidades de ocorrência; como um subconjunto da totalidade das coisas, que podem ser admitidas como hipóteses. Poderíamos dizer, como Flavell (1963) enuncia, que a realidade "é" uma porção do que "deve ser" a totalidade, e esta porção é descoberta mediante um esforço individual.

O pensamento formal é fundamentalmente hipotético--dedutivo e procura determinar a realidade em um contexto de possibilidade. Além disso, ele é, acima de tudo, um pensamento proposicional; o adolescente, em seus raciocínios, não se prende unicamente aos dados brutos, mas manipula enunciados e suposições. Outra propriedade do pensamento operatório formal é ser combinatório.

Piaget distingue em seus estudos as operações lógico-aritméticas e as operações infralógicas, apesar de haver correlação entre elas. As operações lógico-aritméticas apresentam várias propriedades: a) apoiam-se em conjuntos discretos, em objetos descontínuos; b) são independentes da proximidade espaçotemporal e mesmo da presença do objeto; e c) não requerem nenhuma modificação do objeto, nem alteração de sua estrutura ou mesmo modificação de localização no tempo e no espaço. Podemos citar como exemplo a operação de classificar: uma classe pertence a uma coleção de objetos discretos, descontínuos uns dos outros; não é preciso modificar o caráter ou a posição dos objetos para que pertençam a uma classe, e atribuir um objeto a uma classe é complemente independente de sua localização espaçotemporal. O mesmo acontece com a operação de seriar e outras operações lógicas. As operações infralógicas, apesar de se desenvolverem paralelamente às operações lógicas, apresentam diferenças em escala e em certo sentido são opostas às lógico-aritméticas. Assim sendo, as suas propriedades são: apoiam-se em objetos e figuras contínuas; dependem da proximidade espaçotemporal; dependem da posição e distância dos objetos e das relações de todo-parte; apoiam-se nas ligações interiores dos objetos, quaisquer que sejam as dimensões desses; envolvem-se objetos como tempo, espaço, mensuração etc. Enquanto o número é a síntese da classificação e da seriação, a medida é a síntese da partição e do deslocamento.

Para explicar a construção do espaço, é preciso esclarecer a questão básica: espaço é abstraído exclusivamente das percepções ou é engendrado a partir da atividade da inteligência sensório-motora?

Piaget (1961) reconhece que, entre as estruturas perceptivas mais elementares e as estruturas operatórias mais complexas da inteligência, encontra-se efetivamente uma série ininterrupta de estruturas intermediárias. As estruturas representativas pré-operatórias são constantemente dominadas pelas formas de raciocínio, não sobre as transformações como tais, mas sobre as configurações, que são, de fato, muito semelhantes às configurações perceptivas.

Ao tratar das diferenças, semelhanças e filiações possíveis entre as estruturas da percepção e inteligência, Piaget apresenta duas interpretações: uma unitarista e a outra interacionista. A primeira interpretação parece à primeira vista mais plausível, porque aparentemente se observa uma continuidade linear entre a percepção e a inteligência, isto é, uma unidade, parecendo que as estruturas perceptivas crescem e se desdobram progressivamente até engendrarem as estruturas operatórias. A segunda interpretação, ao contrário, distingue em todos os níveis do desenvolvimento das funções cognitivas: a) um aspecto operativo, que fornece motricidade às operações intelectuais; b) um aspecto figurativo, que corresponde à percepção, à imagem etc., revelando uma interação entre as duas formas de estrutura. Assim, Piaget, afirma que as estruturas operativas são engendradas por filiação contínua, partindo das atividades sensório-motoras até a inteligência operatória, enquanto as estruturas figurativas, ao contrário, estão constantemente subordinadas às operativas e não se desenvolvem por filiação direta, umas a partir das outras, mas, por enriquecimento progressivo, procedem das estruturas operativas e de suas interações com os dados da experiência.

Desse modo, o aspecto operativo do conhecimento se refere às ações ou operações a que o sujeito submete o objeto de sua experiência. Essas são as transformações necessárias a que o sujeito recorre para construir ou reconstruir o objeto. Por seu lado, o aspecto figurativo se refere à apreensão direta ou imaginada dos estados sucessivos ou das configurações momentâneas do objeto. É sobre o aspecto figurativo que intervêm essas atividades de transformação. Convém lembrar que, para Piaget, conhecer um objeto consiste em construí-lo ou reconstruí-lo.

O aspecto operativo, por conseguinte, se origina da inteligência em todos os seus níveis, isto é, desde as formas pré-representativas, as mais rudimentares da atividade sensório-motora, até as formas interiorizadas, as mais evoluídas do pensamento operatório, ao passo que o aspecto figurativo se origina da percepção e mesmo da imagem mental, quer se trate dos efeitos primários resultantes de uma só centração perceptiva, quer dos efeitos secundários engendrados pelas atividades cada vez mais complexas.

Piaget não cansa de afirmar que a inteligência não procede da percepção por simples processo de filiação, como se as estruturas perceptivas pudessem por fim se transformar em estruturas intelectuais, mediante suavização e expansão progressiva. Mas o que realmente acontece é uma influência recíproca, isto é, uma interação funcional entre as duas estruturas. Em outras palavras, Piaget afirma que em todos os níveis de desenvolvimento as informações fornecidas pela percepção, e também pela imagem mental, servem de material bruto para a ação ou para a operação mental. Por sua vez, essas atividades mentais exercem influência direta ou indireta sobre a percepção, enriquecendo-a e orientando seu funcionamento à medida que se processa o desenvolvimento mental.

As diferenças básicas entre percepção e a inteligência podem depender das relações entre o sujeito e o objeto, ou então ser relativas às suas estruturas como tais.

No primeiro caso: a) a percepção estará sempre ligada a um campo sensorial e ficará, consequentemente, subordinada à presença do objeto, que lhe fornece um conhecimento por conotação imediata. A inteligência pode invocar o objeto em sua ausência, mediante a função simbólica, e quando o objeto está presente ela o interpreta pelas ligações mediatas, elaboradas graças aos quadros conceituais de que o sujeito dispõe; b) a percepção é essencialmente egocêntrica, estando sempre ligada à posição do sujeito percebedor em relação ao objeto percebido. Daí a percepção ser considerada individual e incomunicável, a não ser por meio da linguagem, do desenho, ou de outra forma de comunicação. As operações da inteligência, por sua vez, constituem conhecimentos comunicáveis, isto é, universais, independentes do eu individual (o que não significa dizer independente do sujeito humano em geral, ou melhor, das atividades comuns a todos os sujeitos individuais a partir do mesmo nível); c) como a percepção fica subordinada às condições limitativas da proximidade espaçotemporal, o sujeito não pode perceber simultaneamente os objetos situados à direita e à esquerda, em frente e atrás, ou em cima e embaixo. A inteligência, no entanto, pode aproximar um elemento de outro, independentemente das distâncias no tempo e no espaço, podendo da mesma maneira dissociar, mediante o pensamento, os objetos vizinhos e raciocinar sobre eles em completa independência; d) os "índices" perceptivos não ultrapassam as fronteiras da percepção, permanecendo os "significantes" e os "significados" próprios das significações perceptivas, indiferenciados e intermutáveis. Ao contrário, os "símbolos" e os "sinais" da inteligência representativa são significantes diferenciados de seus significados e são cada vez mais intermutáveis entre si; e) a percepção não pode limitar-se a reter certos elementos ou propriedades do objeto, "fazendo abstração" dos outros. Isso não ocorre com a inteligência, que seleciona os dados e escolhe o que é necessário para resolver um determinado problema. Na resolução de um problema, a construção dedutiva e a abstração são solidárias. Não se pode esquecer de que a questão colocada em uma prova perceptiva não constitui um "problema", dedutivamente falando, não necessitando abstração.

No segundo caso, isto é, o das diferenças relativas às estruturas, Piaget aponta, entre outras, as seguintes: a) a estrutura operatória apresenta uma propriedade fundamental: a mobilidade, o que equivale a dizer que o sujeito pode à vontade compor, decompor e recompor o objeto em pensamento, sem sua presença, ao passo que a estrutura perceptiva pode ser qualificada de "rígida", mesmo em se tratando de percepção de uma velocidade; b) no plano perceptivo, a forma do objeto é indissociável do seu conteúdo, enquanto no plano operatório é possível construir ou "manipular" formas sem conteúdo. O sujeito sempre percebe o conteúdo em função de uma forma; mesmo os objetos dispostos em desordem constituem ainda uma certa forma perceptiva. As operações, a partir de um determinado nível, possibilitam a construção de formas puras, sem conteúdo concreto e apoiadas sobre simples símbolos, como é o caso das operações lógico-matemáticas; c) as inferências que a percepção comporta não ultrapassam o nível de "pré-inferências", pois se apresentam como imediatas e não são controláveis pelo sujeito durante as suas composições. As inferências próprias da inteligência comportam por parte do sujeito a distinção dos dados e das conclusões, e principalmente o controle de como podem ser compostas; d) a percepção é irreversível e a operação é reversível – isto é, a percepção depende sempre do fluxo irreversível dos eventos exteriores, ao passo que a inteligência pode remontar o curso do tempo.

Depois que estabelece as propriedades essenciais dos extremos noético e figurativo, Piaget descreve os intermediários, isto é, os isomorfismos parciais. A teoria de Piaget conta com a noção de atividade para unir as estruturas e funções da percepção e da inteligência. A seguir resumiremos brevemente a ideia: a percepção estática ou primária de um campo de centração é postulada como "caso limítrofe" e se integra então a título de sedimento ou cristalização de atividades superiores, que participam, por sua vez, de propriedades operativas.

## GIBSON: MUNDO VISUAL

A percepção visual da paisagem em geografia tem sido tratada a partir da observação tanto direta como indireta. É nesta última, porém, que se baseia a maior parte dos trabalhos desenvolvidos sobre o assunto. Nesse sentido, podem ser lembrados os trabalhos de Blaut (1969), com experimentos acerca do reconhecimento e interpretação de fotografias aéreas por crianças em idade escolar. São lembradas também as pesquisas de Oliveira e Machado (1975; 1980), procurando identificar como os adolescentes percebem geograficamente o espaço por meio de mapas e pré-mapas e de relações topológicas e euclidianas.

Ainda são bastante raros os trabalhos que investigam as formas como as pessoas percebem diretamente a paisagem, assunto de interesse para diversos profissionais, especialmente para o geógrafo, que estuda a paisagem em sua dimensão espacial.

Tanto a percepção direta como a indireta da paisagem geográfica parte da observação. Segundo Selltiz et al. (1974), a grande vantagem da observação liga-se ao fato de permitir o registro da conduta do indivíduo ou do acontecimento de um fato, tal como ele ocorre. Na paisagem podem ser observados os elementos naturais como o solo, o relevo, a água, a vegetação, os animais e o próprio homem, e os elementos construídos, a exemplo das cidades, dos campos de cultivo, das estradas e das indústrias. Podem ainda ser apontados os elementos não visíveis, que são os processos, como o geomorfológico, o climático, as técnicas e os conhecimentos.

Gibson (1950) considera o observador ativo, lembrando que a cabeça e os olhos nunca permanecem na mesma posição fixa por muito tempo, a não ser em condições artificiais. Esses movimentos modificam sempre as imagens retinianas.

A mente humana infere um mundo tridimensional, incluindo o tamanho aparente dos objetos similares com a distância, a superposição de contornos, a distribuição de luz e sombra, a perda de detalhes com a distância, a percepção do brilho e da cor, da largura e altura, da distância e profundidade.

A visão é um guia extremamente eficaz para que os homens se movimentem, trabalhem e apreciem a paisagem. O autor destaca que a visão humana está na dependência de uma série de condições, tais como: existência de luz, olhos abertos e enfocando objetos, retina reacionando diante da luz, e nervo óptico com capacidade de transmitir impulsos até o córtex cerebral. Assim, a visão apresenta características complexas e se completa com o sistema psicológico, envolvendo percepção e inteligência.

O processo visual é explicado por uma série de eventos. Uma ordenação de superfícies físicas contendo objetos, se iluminadas, refletem a luz que irradia livremente e incide na córnea, passando pela pupila, para em seguida projetar uma imagem na retina. Diminutas células retinianas registram continuadamente as imagens que são transmitidas pelo nervo óptico até o córtex cerebral, onde se produz a visão e se processa a percepção. Assim, o processo visual, que se inicia com os objetos físicos, a luz e o olho, completa-se com a inteligência.

Para compreensão da configuração do mundo é necessária sua observação, para qual se estabelece uma relação entre o observador e o observado. O meio ambiente, por meio de suas propriedades físicas, fornece as informações, e o observador, por meio de um sistema receptor visual, coleta essas informações, cujo registro lhe permite o conhecimento do mundo físico. Contudo, o espaço a ser considerado não é um simples vazio com três linhas que se conectam em ângulo reto, mas o espaço das habitações, dos caminhos, das regiões. É o espaço dos homens, um espaço percebido e vivido com fundamentos nas dimensões de altura, extensão e profundidade.

O problema da percepção visual do espaço tem, há muitos anos, preocupado as pessoas, tanto os cientistas como os leigos. A indagação geral é de como percebemos o mundo que nos rodeia. Do ponto de vista científico, a resposta constitui o tema central do trabalho de Gibson, que postula a existência de um campo e de um mundo visual.

O campo visual é definido como uma cena que apresenta objetos familiares, agrupados em lugar e distância precisos. Aproximadamente, corresponde a um ângulo horizontal de 180°, e vertical de 150°. Seus limites são precisos, impostos, *grosso modo*, pelo contorno do nariz, dos pômulos faciais e das sobrancelhas. Apresenta uma forma ovalada, mais nítido no centro que na periferia. Seus limites são alterados toda vez que o observador movimenta a cabeça ou os olhos. Qualquer movimento do observador produz uma deformação em seu campo visual. Uma de suas mais óbvias características é a estabilidade. O campo visual não gira quando o observador vira a cabeça de um lado para o outro.

A orientação do campo visual se faz pelas margens. Contêm formas projetadas, oferece uma cena em perspectiva e exibe objetos que se assentam sobre um fundo. Têm qualidades pictóricas, a profundidade dos objetos não é nítida e, sempre, um objeto é base para outro mais próximo. Um objeto maior é base para um menor. De todas as bases, a mais ampla é o terreno. Por fim, outra característica a ser assinalada é o fato de se poder sentir o campo visual por meio da sensação visual.

Já o mundo visual é percebido. Ele é euclidiano, não tem centro ou limites. Seu caráter é panorâmico, rodeando o observador por todo e espaço de 360°. É percebido pelo movimento rápido de um ponto para outro, e não muda de direção quando é observado. Os objetos e superfícies que compõem o mundo visual são sempre claros e detalhados, apresentando forma e profundidade.

Na observação do mundo visual, os pontos de fixação dos olhos são os objetos nele existentes. Em princípio são negligenciados os espaços entre eles; um exame mais detido, porém, permitirá detectar que tais espaços são também partes do mesmo mundo. Alguns objetos escondem outros, ainda que parcialmente, criando uma situação que, para enfatizá-la, Gibson descreveu como "o eclipsar de formas".

Dois processos de percepção são reconhecidos no mundo visual. O primeiro liga-se à percepção do mundo espacial, definido como o mundo das cores, superfícies, bordas, formas e interstícios. Gibson entende que a percepção do mundo espacial é literal. O segundo processo é a percepção do mundo das coisas úteis e significativas, o mundo dos objetos, lugares, sinais e símbolos escritos. É considerado um mundo mais familiar e, devido à dificuldade de se fixar a atenção em todos os seus elementos completos, sua percepção torna-se seletiva.

A conclusão sobre a experiência de um mundo visual pode ser descrita como extensa em distância e modelada em profundidade. Entretanto, a compreensão da distância e da profundidade na percepção de um mundo visual tem sido um de seus aspectos mais polêmicos, e também um dos mais significativos.

A "Ground Theory" elaborada por Gibson e seus colaboradores fornece condições para o entendimento da percepção da profundidade e distância. A teoria foi desenvolvida a partir de experiências ao ar livre e com informações fornecidas por um meio ambiente natural, ao contrário de experiências anteriores, que se realizavam em recintos fechados. Por outro lado, a teoria é inovadora, pois, em lugar de investigar as variáveis das informações dadas pelos objetos do mundo visual, são investigadas as variações que correspondem a um fundo contínuo.

Por essa teoria, o campo visual não deve ser concebido como um conjunto de objetos no ar, sem considerar uma superfície contínua ou um conjunto de superfícies contíguas, e estabelece que o caráter do mundo visual não provém dos objetos, mas de um fundo, de uma base.

Dentre os principais fundamentos da "Ground Theory", o autor enuncia o fato de que as impressões elementares de um mundo visual são as de superfícies e bordas. A orientação do espaço se faz a partir do solo e do horizonte. A impressão da superfície contínua explica que o mundo visual é concebido como um fundo: as bordas explicam o contorno de uma figura contra um fundo, e os objetos são percebidos com a superfície abarcada.

Gibson esclarece que a teoria reúne uma série de proposições. Entre elas, destaca que a condição fundamental para se ver o mundo é uma ordenação de superfícies frontais e longitudinais, refletindo a luz e projetando-a na retina. Através de uma superfície longitudinal, percebe-se a profundidade e a distância. Das impressões sensoriais, acompanhando a percepção de profundidade e distância em uma superfície contínua, resultam as perspectivas, dentre as quais destacam-se a textural, a do tamanho, a linear, a binocular, a de movimento, a aérea e a de borrão. Daí decorre que os objetos percebidos são orientados por superfícies e bordas. A qualquer distância em que se colocam do observador apresentam o mesmo tamanho, e se vistos de ângulos diferentes, apresentam a mesma forma.

O autor não deixa de destacar que os objetos percebidos apresentam significados. O mundo está saturado por muitas classes de significados, as quais se vão multiplicando à medida que vivemos. Os significados interferem na percepção do espaço, selecionando ou modificando propriedades tais como a cor, o tamanho e o contorno dos objetos. Tais propriedades estão na dependência da personalidade ou da cultura de quem percebe. À medida que os objetos são identificados e observados as diferenças ou semelhanças entre eles, as percepções do mundo tornam-se diferenciadas.

Pode-se apontar uma aplicação dos estudos de Gibson na dissertação de Xavier (1990), em percepção da paisagem geográfica. É um exemplo de como se pode pesquisar em geografia em base psicológica.

## ESTUDOS SOBRE PERCEPÇÃO DA PAISAGEM GEOGRÁFICA

Estudos de percepção da paisagem em geografia têm despertado interesse cada vez maior entre os pesquisadores preocupados com a metodologia dessa disciplina.

Pode-se verificar que, em toda sua história, a geografia sempre incorporou em seus objetivos os estudos de paisagens. Na Antiguidade clássica, tais estudos faziam-se presentes com a descrição de lugares. Da mesma forma, durante as Grandes Navegações, que ampliaram o horizonte geográfico, a preocupação com a paisagem era fundamental para enriquecer o relato sobre as terras descobertas. Na geografia do século XIX e da primeira metade do século XX, como a ênfase era dada aos estudos de lugares ou regiões, atribuía-se grande importância à análise da fisionomia, ou seja, ao estudo de paisagens. Sobressaíram no início dessa fase os estudos de La Blache (1905), reunindo sobre cada lugar as indicações necessárias para seu estudo. Amorim Filho (1985), comentando esses trabalhos, destacou que, entre as orientações seguidas por La Blache, pode ser notada uma ênfase sobre a influência recíproca entre o homem e o meio físico, e a análise do visível, utilizando-se a paisagem para as explicações geográficas.

A partir das Guerras Mundiais, novos enfoques foram atribuídos aos estudos da geografia. Na década de 1950, com a utilização de técnicas matemáticas e estatísticas, o estudo da paisagem foi bastante negligenciado. No início da década de 1970, entretanto, sua importância foi redescoberta, a partir das discussões verificadas em trabalhos de geógrafos sobre a revisão de conceitos e métodos utilizados pela Nova Geografia nos estudos de análise sistêmica e, especialmente, aos ligados à percepção do meio ambiente. Esses fatos, consequentemente, marcam um retorno à valorização da paisagem, agora em outros níveis de abordagem.

O estudo do geossistema, elaborado por geógrafos soviéticos, tem sido amplamente aplicado na geografia. Sotchava (1977) o considera como capaz de desempenhar o principal papel na solução de numerosos problemas em que a participação do geógrafo é necessária. Sobre esse enfoque, os estudos, além de se ligarem à paisagem e suas subdivisões, incorporam sua dinâmica, sua estrutura funcional e suas conexões. Segundo o autor, a feição mais importante do geossistema é sua hierarquia de construção. Assim, o geossistema planetário, ou uma área elementar da superfície terrestre, ou as subdivisões intermediárias do meio natural, representa unidades dinâmicas, com uma organização geográfica a ela inerente.

Para Sotchava, os geossistemas são vistos como fenômenos naturais onde as estruturas e peculiaridades espaciais são influenciadas por todos os fatores econômicos e sociais. Os modelos e gráficos econômicos e sociais influenciam suas conexões internas, sobretudo no que se refere às paisagens modificadas pelo homem. Os cuidados com as paisagens culturais, bem como todos os estudos em torno do fator antropológico na ciência da paisagem integram uma avaliação de todas as manifestações dos fatores antropogênicos nos complexos naturais, e uma atitude construtiva em relação a eles. Nesse sentido, a abordagem sistêmica tem um significado decisivo, pois seu paradigma estuda os componentes da natureza, as conexões entre eles e a sua dinâmica. Portanto, não se restringem a sua morfologia, mas projetam-se em sua estrutura funcional e em suas dinâmicas e conexões.

Machado (1988a) comenta que o enfoque geossistêmico contribui para revitalizar o caráter de integração e totalidade da paisagem geográfica, uma vez que o geossistema corresponde a uma paisagem nítida e bem circunscrita.

Os estudos de percepção de paisagens que têm sido realizados nessas últimas décadas podem ser inseridos no campo da percepção do meio ambiente, e procuram definições mais precisas de suas características. É precisamente sob esse enfoque que colocamos nosso propósito de estudos de paisagens geográficas.

Estamos rodeados por objetos que não foram feitos por nós e que têm vida e estrutura diferentes da nossa: rios, vales, montanhas, colinas, árvores e flores; e também por objetos que são criações do homem, construídos ao longo do tempo. Esses objetos não são formados apenas de volumes, mas de movimentos, cores, odores e sons. Desde séculos eles nos inspiram curiosidade e respeito e, na maioria das vezes, sua composição ou arranjo nos tem sido motivo de prazer. Temos os recriado em nossa imaginação e pensado neles como elementos de uma ideia a que chamamos paisagem. Nossa tarefa é tentar ultrapassar a paisagem como aspecto visual para chegar a seu significado e valor.

Os geógrafos têm proposto várias concepções para o termo paisagem. Hartshorne (1939) consagrou um capítulo inteiro de seu trabalho *The nature of geography* à análise comparativa do significado dos vocábulos alemão *landschaft*, do inglês *landscape*, e do francês *paysage*. Segundo o geógrafo havia, na época de seu estudo, total falta de clareza quanto ao significado desses vocábulos, mesmo se levada em conta sua importância nos textos geográficos. Ele atribui o problema a uma questão de significado e não a mero acidente de tradução.

Para uns o termo paisagem significava a expressão concreta de uma área, isto é, os objetos materiais; para outros, o termo é sinônimo de área.

Para esclarecer o significado de *landschaft*, Hartshorne cita autores alemães, para quem o vocábulo envolve algo místico. Humboldt o aplicou no sentido das características estéticas de uma área, enquanto Waibel explica o significado comum de *landschaft* como porção da face da Terra e do céu, contida em nosso campo visual, a partir de um ponto de vista. Assim, o termo pode também ser aplicado como sinônimo de região.

Em teoria, o termo *landscape* é, obviamente, tradução do alemão *landschaft*, podendo ser considerado sinônimo de *region*. Dessa forma seria aplicado com relação aos elementos materiais ou físicos, e para os culturais e percebidos poderia, segundo Hartshorne, ser usada a expressão "*landscape sensation*". Mas o termo não tem apenas esses dois significados, mas muitas variações entre geógrafos ingleses e norte-americanos. Na verdade, a confusão discutida por Hartshorne está presente em muitos dos trabalhos de geógrafos, sendo o termo utilizado com diferentes significados de acordo com a natureza do trabalho: geomorfologia, biogeografia, geografia agrária etc.

Para Hartshorne, o temo francês *paysage*, pelo menos aparentemente, permite o duplo significado. É desse vocábulo, com esse significado abrangente, que se origina nossa palavra paisagem, como afirmam os lexicógrafos.

Desde o *Tableau geógraphique de la France*, escrito por La Blache (1905) no início do século XX, em muitos estudos a paisagem foi abordada isoladamente, escapando a qualquer sistematização. A existência de estruturas próprias à paisagem em geral, ou parte dela, era ignorada e, por vezes, até negada.

La Blache concebeu o homem como hóspede antigo de vários pontos da superfície terrestre, que em cada lugar se adaptou ao meio que o envolvia, criando um conjunto de técnicas e costumes que denominou gênero de vida. A diversidade dos meios explicaria a diversidade dos gêneros de vida, daí a ideia de que a paisagem devia confundir-se com a região, isto é, a área de ação de determinado grupo humano. Na compreensão do pensamento vidalino, podemos considerar sinônimos os termos paisagem e região.

Bley (1990), em sua tese de doutorado, fez uma revisão exaustiva do termo paisagem, discutindo principalmente o emprego do vocábulo em várias línguas e as diversas aplicações na geografia.

Zube (1970), ao comentar a visão de paisagem de J. B. Jackson, afirma que se devem olhar as paisagens com a perspectiva da História, "como reflexo de valores sociais e padrões culturais, como expressão de maneiras de viver, como paisagem social e política". O prisma deve ser o que define o homem como parte da paisagem, não distante dela, a paisagem é assim humanizada. Essa posição transcende o interesse pelo estudo das relações entre o homem e o meio ambiente e propõe o estudo das relações do homem com o mundo e do homem com o homem por meio da análise das paisagens.

Essa definição de paisagem está voltada para o que se poderia chamar de paisagem social. Essa é a posição de Santos (2004, p.53): "tudo isto são paisagens", diz o geógrafo ao referir-se a diferentes espaços como uma região produtora de café, uma cidade, um centro urbano etc., e continua: "o seu traço comum é ser a combinação de objetos naturais e de objetos fabricados, isto é, objetos sociais, e ser o resultado da acumulação da atividade de muitas gerações". Assim, não nega os "objetos naturais", os componentes da natureza, mas os coloca em relação de igualdade com os "objetos sociais" e define a paisagem como resultante de um processo histórico. Esse processo é considerado altamente relevante na caracterização da paisagem, situação que se evidencia na afirmação do mesmo autor: "A paisagem não tem nada de fixo, de imóvel, cada vez que a sociedade passa por um processo de mudança... a paisagem se transforma para se adaptar às novas necessidades da sociedade" (ibidem, p.54). No entanto, não considera sempre as paisagens como produto das relações sociais, pois afirma que muitas mudanças sociais não provocam necessária ou automaticamente modificações na paisagem.

Para conceituar paisagem, nessa linha de pensamento, vamos buscar novamente em Santos (ibidem, p.54) que paisagem é: "resultado de uma acumulação de tempos... representando diferentes momentos do desenvolvimento de uma sociedade".

Outra linha de pensamento define a paisagem a partir da consideração de um espaço subjetivo, sentido e vivido, um espaço de cada ser humano, um espaço individualizado. Esse é o caminho atualmente preferido por arquitetos, psicólogos, sociólogos e, cada vez mais, por geógrafos. Em geral os autores vêm trabalhando mais pela solução de problemas de reestruturação da paisagem cotidiana a partir da análise da conduta de indivíduos e de coletividades.

Para Collot (1986), não se pode falar de paisagem a não ser a partir de sua percepção. Para esse autor, diferentemente de outras entidades espaciais construídas por intermédio de um sistema científico e simbólico como o mapa, ou sociocultural como o território, a paisagem se define como um espaço percebido. Essa percepção se distingue das construções e dos símbolos elaborados a partir dela e exige métodos de análise.

Na percepção da paisagem, o sujeito não se limita a receber passivamente os dados sensoriais, mas os organiza para lhes dar um sentido. A paisagem percebida é, portanto, também construída e simbólica.

As definições de paisagem percebida, segundo Collot, nos remetem a três elementos essenciais: a ideia de ponto de vista, a de parte e a de unidade ou conjunto. A paisagem é definida em função do ponto de vista de onde ela é observada, isso supõe como condição de existência da paisagem a atividade de um sujeito. Dessa pressuposição, poderíamos chegar a uma definição simplista: paisagem é tudo o que se vê. No entanto essa seria, certamente, uma definição indissociável à paisagem: a da distância. A grande distância a paisagem se ameniza com a diminuição de elementos que a compõem e, além do espaço que os olhos podem perceber, desaparece. A noção de escala é, portanto, inseparável da noção de paisagem. Há um limiar mínimo e um máximo na percepção da paisagem, possível de ser calculado precisamente em termos de distância.

Uma importante contribuição para os estudos da paisagem é dada por Machado (1988a) que, tratando o assunto do ponto de vista geográfico e com uma abordagem perceptiva, coloca em evidência os procedimentos operacionais para sua avaliação e para a análise de preferências ambientais. Afirma que as ligações do homem com a paisagem envolvem três grupos de variáveis: paisagem, pessoas e interação. O contexto de interação entre o homem e a paisagem depende de seu humor e de suas circunstâncias, da iluminação e da hora do dia, de se a paisagem é vista de um veículo ou a pé, de escolhas deliberadas ou de visitas acidentais de campo. Os propósitos do observador contribuem significativamente na determinação de suas preferências por lugares.

A autora, partindo do pressuposto de que a percepção é uma atividade presente na vida das pessoas, conclui que seu estudo, por meio de uma abordagem perceptiva, pode fornecer entendimentos sobre as relações do homem com o meio ambiente, e insiste na necessidade de saber como as pessoas veem o mundo em que vivem, e que valores afetam suas ações.

Mas, é em Tuan (1980), cujos trabalhos são candentes de humanismo, que encontramos uma contribuição importante no esclarecimento do significado dos conceitos, dos símbolos e das aspirações que dizem respeito ao espaço, à paisagem e ao lugar. Em uma de suas contribuições, hoje considerada um clássico no âmbito da percepção do meio ambiente, Tuan (1983) analisa as diferentes maneiras como as pessoas sentem e conhecem o espaço e o lugar, e salienta como o homem experiencia e entende o mundo. Desenvolve todas as suas argumentações ao redor de uma única perspectiva, a da experiência humana, alcançando uma esplêndida síntese especial que reflete muito bem as sutilezas da experiência. Lugar é segurança, sugere Tuan, e espaço é liberdade; sentimo-nos apegados ao lugar, mas desejamos a liberdade sugerida pela ideia de espaço.

Como ele próprio salienta, o termo-chave desse trabalho é a experiência, que abrange as diferentes maneiras pelas quais uma pessoa conhece e constrói a realidade. Essas maneiras variam desde os sentidos mais diretos e passivos, como olfato, paladar e tato, até a percepção visual ativa e a maneira indireta de simbolização. Uma pessoa pode conhecer um lugar tanto de modo íntimo como de modo conceitual; pode articular ideias, mas tem dificuldades de expressar o que conhece por meio dos sentidos. Na extensa literatura sobre qualidade ambiental, são poucas as obras que tentam compreender o que as pessoas sentem sobre o espaço e o lugar, e quais são as diferentes maneiras de experienciar e interpretar espaço e lugar como imagens de sentimentos complexos. No entanto, é possível articular sutis experiências humanas, a exemplo do que é realizado em obras literárias, com registros de intrincados mundos de experiências humanas.

Tuan evidencia que no homem adulto são extremamente complexos os sentimentos e ideias relacionados com espaço, paisagem e lugar, justamente porque se originam das experiências singulares e comuns. As emoções e o pensamento dão colorido a toda experiência humana, e a sensação é rapidamente qualificada pelo pensamento em um tipo especial, como calor sufocante ou ardente, dor aguda ou fraca, provocação irritante ou força brutal. A experiência está voltada para o mundo exterior (ver e pensar claramente vai além do eu) e o sentimento é mais ambíguo e, sem dúvida, intencional. Mas é uma estranha intencionalidade, afirma Tuan, porque de um lado indica qualidades sentidas quanto às coisas, quanto às pessoas, quanto ao mundo, e por outro manifesta e revela a maneira pela qual o eu é afetado intimamente. Desse modo, uma intenção e uma afeição coincidem em uma experiência, que implica capacidade de aprender a partir da própria vivência. Experienciar é aprender; significa atuar sobre o dado e criar a partir dele. "Mas o dado não pode ser conhecido em sua essência; o que pode ser conhecido é a realidade que é constructo da experiência, uma criação de sentimento e pensamento" (Tuan, 1983, p.10).

Contudo, Oliveira (1972; 1977a) salienta que meio ambiente é tudo que rodeia o homem, quer como indivíduo, quer como grupo, e dessa forma ele não é apenas composto de cores, formas e extensões, mas também de sons, odores e sensações; daí necessitarmos de todos os nossos sentidos para nos comunicarmos com o mundo que nos rodeia, uns sentidos suprindo os outros, uns se destacando sobre os outros. Assim, enquanto psicologicamente a visão é considerada uma sensação, a percepção é definida como o significado que atribuímos às informações recebidas pelos nossos sentidos, como sensações. A sensação necessita de órgãos sensoriais para receber os estímulos externos e captar sinais específicos, mas a percepção é trabalhada, de maneira mais profunda, no córtex cerebral, em nível de significados.

# 8
# PERCEPÇÃO DA PAISAGEM URBANA

> *O conhecimento de uma cidade varia muito de uma pessoa para outra. A maioria das pessoas são capazes de indicar pelo nome os dois extremos da escala urbana: a cidade como um todo e a rua onde mora.*
>
> (Tuan, 1980, p.222)

Como percebemos ou concebemos uma cidade enquanto paisagem?

A paisagem urbana se apresenta de várias formas, de diversas cores e de inúmeros ângulos. Aqui, nos ateremos aos aspectos geográficos, para ressaltar, somente, a espacialidade do nosso campo de interesse e de investigações ambientais, perceptivas e cognitivas, perpassando por diversos enfoques de paisagens geográficas e pelos filtros da percepção e da cognição.

## PAISAGEM DA CIDADE

> *A cidade representa a maior aspiração da humanidade em relação a uma ordem perfeita e harmônica, tanto em sua estrutura arquitetônica como nos laços sociais.*
>
> (Tuan, 2005, p.231)

A cidade é um produto humano da hierarquia de atividades organizadas de acordo com escalas de nosso mundo. Por isso a paisagem urbana nos aparece como um mosaico: casas, ruas, prédios, parques, pessoas, que nos permitem uma leitura em diferentes escalas. Pois percebemos e conhecemos o caráter das coisas de maneiras diferentes e analisamos mediante as variadas escalas: global, continental, nacional, regional, local e pessoal. Assim, o que nos parece importante ou tem significado numa determinada escala, não se apresenta em outra. Onde começa ou termina a ação de uma escala não é tão nítido e com limites claros. O que se constata é uma interação dinâmica em diversos níveis escalares, sendo alguns produtos de processos naturais e outros construídos. Por exemplo, podemos citar as fronteiras politicas, os limites territoriais, as determinações e tradições culturais. Estas ações são voláteis, móveis e caleidoscópicas.

Isso colocado, depreende-se que as escalas espaciais não são fixas, estão sempre se redefinindo e se reestruturando, acentuando, na maioria das vezes, as diferenças geográficas, que no nosso caso é a paisagem de uma cidade. Essas diferenças são produzidas por processos tanto político-econômicos como socioecológicos, que se revelam na paisagem como enclaves. São os bairros de classes altas e médias-altas, são os guetos de pobreza e de miséria, são os distritos deteriorados, com prédios à espera de serem derrubados, são lotes baldios na expectativa de valorização imobiliária. Mas esses elementos da paisagem não são criados nem impostos pela natureza, mas pelo próprio homem. Uns e outros são resultantes das amplas transformações do perfil da cidade devido às mudanças demográficas, urbanas e tecnológicas. Nas grandes metrópoles a urbanização desenfreada e a industrialização sem planejamento são, em parte, responsáveis pelas consequências tanto negativas como positivas, pelas carências e pelas afluências sociais ou econômicas.

A paisagem da cidade sempre esteve inserida em um contexto espaçotemporal, de um lado, como resultado do praticar da arquitetura e, de outro, como a representação do praticar da geografia. Essas práticas são processos que oscilam, frequentemente, entre o individual e o coletivo, entre o particular e o público. Somam-se a esses os movimentos os fluxos que suscitam animação à paisagem urbana. São as vias apinhadas de veículos e de pessoas se movimentando em várias dimensões: indo e vindo. São os trajetos desenhados pela oscilação diária do tráfego: para o trabalho e do trabalho para recreação e retorno dessa atividade. A pausa dessa movimentação frenética dos dias de semana é no domingo, dia que a cidade como que descansa, repensa. São as ruas e avenidas com poucos carros e gentes. Porém, nos fins de tarde, já ao anoitecer, reiniciam os fluxos da diversão, da badalação, são outros transeuntes, são outros automóveis trafegando pela cidade.

A paisagem urbana esconde muitos dos seus elementos que não são visíveis ou não nos chamam a atenção. São os monturos acumulados do lixo não coletado e deixado nas esquinas. São os pedintes nos grandes cruzamentos, nos semáforos. São as crianças abandonadas pedindo esmola. São os moradores que vivem sob os viadutos e pontes. Todos, elementos vivos da cidade, que na pressa ou na indiferença não são percebidos como integrantes da urbe. Também, há aqueles componentes que estão dispostos no subsolo: as redes de esgoto, de água, de gás e de iluminação. Todos desempenham um papel necessário e relevante que não percebemos, mas sabemos de sua existência; e não deixando de lembrar as linhas de metrô que transportam milhares e milhares de pessoas com seus trilhos sob a terra.

Não podemos nos esquecer de citar os objetos que constituem uma cidade abrangendo as configurações citadinas. É a parte visível, propriamente dita, do conjunto arquitetônico. É o produto direto da percepção: são os arranha-céus, as casas, os parques, as grandes avenidas, os museus, os centros de comércio, os conjuntos de viadutos, os rios que cortam a malha urbana. São objetos culturais e sociais que nos permitem praticar nossa cidadania, conduzindo-nos à participação e à integração.

Todas essas percepções e cognições que configuram nossas representações são as respostas que nos permitem interferir em diversos níveis de estrutura e de funcionamento da paisagem urbana. É preciso aprender a leitura explícita e implícita contida na cidade, fazendo perguntas e acatando as respostas, para só assim desenvolvermos nossa afetividade pelas pedras e pelas gentes que constituem esse aglomerado visível e invisível que compõem nossa realidade e imaginação.

## PAISAGEM FRAGMENTADA

> *As disparidades geográficas em termos de riqueza e de poder aumentam, dando à cidade o perfil de um universo metropolitano de crônico desenvolvimento geográfico desigual.*
>
> (Harvey, 2004, p.201)

A fragmentação do espaço urbano é gritante e escancara a grande desigualdade social, donde "poucos têm muito e muitos têm pouco". Essa imagem está sempre nas manchetes da mídia, ilustrando uma sociedade heterogênea e complexa constituída de objetos urbanos variados e de pessoas de diferentes procedências, vivendo em espaços segregados.

Modernamente, essa exclusão é o resultado da fragmentação, a segregação, aparecendo a expressão "os excluídos". Isto é, aqueles que não se encontram incluídos na sociedade do bem-estar, que não desfrutam da modernidade, da cidadania. Podemos apontar como uma das causas dessa exclusão a pobreza crônica, que apesar dos esforços das instituições sociais persiste nessa espiral de desigualdades espaciais e econômicas.

Essas exclusões são mapeadas pelos trajetos das vias, das ruas asfaltadas e da presença de guias e de calçadas, da ausência de enchentes em bairros das classes mais abastadas. O que a mídia mostra são inundações em bairros pobres, grandes incêndios em favelas, falta de água e de tratamento e zonas carentes de assistência médico-hospitalar, escolas, áreas de recreação etc. Cada vez mais as propriedades são muradas e são erguidas cercas, os jardins são rodeados por grades, tudo isso aumentando a segregação. Consequência do medo de grupos estranhos gerando a violência. O espaço público deveria ser desfrutado por todos, pois os patrimônios culturais são bens a serem compartilhados pelos usuários, por aqueles que transitam pelas ruas, que habitam a cidade.

## PAISAGENS DE CONTRASTES E SEMELHANÇAS

> *A cidade pode ser reconhecida somente por intermédio da sua paisagem urbana e essa paisagem é resultante dos elementos econômicos, sociais e culturais que a produziram num determinado período e contexto.*
>
> (Landim, 2003, p.24)

A paisagem urbana é o resultado da geografia e da história. Desde a escolha do sítio urbano, passando pela definição da planta da cidade, até a localização dos elementos físicos, seguem um plano que pode ser espontâneo ou determinado.

Nessa evolução, a cidade se transforma, adquirindo uma identidade, se estruturando e constituindo-se em partes individualizadas, se convertendo em bairros, com outras características funcionais.

Muitas vezes as belezas naturais se diluem ao longo do tempo: um rio que é retificado ou canalizado, um morro que é aplainado, uma lagoa que é entulhada ou um mangue que é drenado. Assim, os atrativos físicos são modificados para atender a expansão de bairros, de avenidas, de túneis, ou então são glamorizados para atender a moda do momento ou do interesse.

Os contrastes e semelhanças na paisagem urbana são, muitas vezes, chocantes. Como semelhanças, são exemplos os conjuntos habitacionais como caixões retos, sem um adorno arquitetônico, sem árvores, sem cores. É a massificação das moradias sem atrativos, monótonas, lisas, cinzentas. Os moradores desses conjuntos logo que ocupam suas casas tentam dar identidades próprias: plantando uma árvore, algumas flores, pintando de cor diferente. As semelhanças são percebidas como sem personalidade. Os contrastes são percebidos pelas casas diferentes, ruas com trajetos originais, cores peculiares, avenidas e viadutos que permitam o reconhecimento.

As semelhanças e os contrastes podem refletir os preconceitos sociais, conduzindo a concepções errôneas. A paisagem da cidade nunca será homogênea. É irônico esperar que os obstáculos e as carências criadas tanto individual como coletivamente serão minimizadas com a ação governamental.

Essa nossa percepção de uma cidade será sempre fonte de nossas atividades, de nossas buscas de um bem-estar coletivo, fundamentada em nossas investigações científicas. Sempre procurando conciliar o "eu" e o "nós" integrantes da paisagem urbana.

Nossas palavras finais são sobre a aceitação geográfica, não de um ponto de vista determinista, mas realista, como reconhecimento de nossa tropicalidade (física) e de nossa mestiçagem (humana). Nossas considerações devem estar voltadas para a conotação de que a paisagem das cidades brasileiras está inserida em um mundo tropical (com chuvas torrenciais e de solos em grande parte permeáveis) e constituída, em grande maioria, por uma população mestiça.

# 9
# COMO EDUCAR SOBRE OS DIREITOS DA PAISAGEM

*Você quer viver bem?*
*Cuida de ti mesmo*
*E da natureza.*

(Frei Pacífico, Ilha São Francisco, em algum lugar qualquer do Brasil)

Ao longo de toda nossa carreira de professor de geografia, tanto em nível secundário como em superior, sempre esteve em nossas reflexões teóricas ou práticas a questão da educação ambiental. Sempre consideramos a necessidade de um comprometimento explícito com a natureza, com a paisagem, ao buscar os caminhos que nos levassem até a tomada de consciência ambiental por todos os homens. Não só crianças e adolescentes escolares. Não só pessoas que lidam com a educação. Mas todos os homens, todos que vivem e moram neste planeta.

Assim esperamos contribuir significativa e seriamente para a discussão desse tema tão necessário, relevante e candente para a geografia e para a educação. Esperamos ser capaz de traduzir nossas inquietações a respeito do carinho, da afetividade, das considerações que devemos desenvolver em relação com a natureza (natural e construída, animada e inanimada, orgânica e inorgânica). Esperamos ainda, e principalmente, explicitar as ideias mais extraordinárias de nossos tempos que concerne aos direitos naturais, conduzindo a uma prioridade quanto à resposta e responsabilidade que devemos ter em relação à Terra, nossa morada. São ideias recentes, relativas à moralidade que deve estar incluída em nossas interações com o meio ambiente, pois que a ética transcende os próprios homens, se estendendo aos animais, vegetais, rochas, ares, águas, até mesmo às paisagens. Também são crenças recentes que a ética não começa e termina com os seres humanos. A ética do meio ambiente envolve muitas disciplinas e exige competência profissional de várias pessoas politicamente responsáveis, filosoficamente corretas e cientificamente válidas. Isso tudo requer mudanças das prioridades. Dessa perspectiva pode-se colocar a ética ambiental como uma das fronteiras mais longínquas entre homem/natureza.

Relações essas que vêm sendo tratadas como um assunto moral. O que foi denominado por Aldo Leopold como "ética da terra", preconizando que toda ética repousa sobre essa premissa de que todo indivíduo é membro de uma comunidade de partes interdependentes. Lembra ainda que na natureza há pouco lugar para o individualismo, ao que se assiste frequentemente é a interdependência, a cooperação íntima entre os membros dos reinos animal, vegetal e mineral.

Os direitos humanos de todos os cidadãos apenas recentemente vêm sendo reconhecidos plenamente, permanecendo bolsões resistentes quanto a certos grupos. Histórica e geograficamente está sendo longa a conquista da cidadania e o reconhecimento de índios e escravos, operários e marginais, de mulheres, crianças e velhos, de diferentes religiões e etnias. Até hoje, ainda permanecem certos ranços entre pessoas a respeito desses preconceitos citados.

Contudo, persistem a contradição e a inconsistência quando definidos, explorados e empregados os direitos humanos e os naturais. Porquanto nossa casa, "*oikos*" do radical grego, tanto é usado para ecologia como para economia, e mais recente o termo, agora tão em voga, para ecossistema. São inúmeros os grandes nomes que se preocuparam com o ecossistema, direta ou indiretamente. Dentre eles se destacaram: Aldo Leopold, Rachel Carson, René Dubos, Alfred. N. Whitehead, Herbert Marcuse, Kevin Lynch, Gaston Bachelard, Grupo Gaia e diversas ONG. É uma plêiade multidisciplinar, com abordagens diferentes, mas com metas comuns. Cada um trazendo sua contribuição para se chegar a equacionar o problema ambiental, e talvez no próximo milênio conseguir propor soluções e principalmente unificar os interesses econômicos, sociais e morais para preservar, restaurar, conservar, usar, gerenciar esta Terra, que até o momento ainda é a única casa para vivermos e desfrutarmos com alegria e felicidade.

Surge então essa nova ética focalizada pelo movimento ambientalista, embebida dessas ideias sem precedentes de que todos e tudo são interdependentes e necessários e que os direitos dos homens e da natureza são inalienáveis. É claro que a natureza não reivindica direitos, nem árvores, montanhas, rios, tamanduás, casas, templos, ruas, cachorros, e assim por diante. Somos nós, os homens, que procuramos a melhor maneira de vivermos, que buscamos o equilíbrio entre os semelhantes e os dessemelhantes, que investigamos a biodiversidade, que esperamos atingir um desenvolvimento sustentado e sustentável. Tudo porque desejamos uma boa vida, conforto, dignidade e reconhecimento. Isso é um reflexo, uma característica dos tempos modernos, porque não apontar para os tempos que estão chegando, denominados de pós-modernos. Esse mosaico que chamamos de paisagem precisa ser analisado mais de perto. Aceitamos o vocábulo no singular, mas também no plural.

Aqui vamos trabalhar com a noção de paisagem, confundindo-a com meio ambiente, com espaço e com lugar, quer como conteúdo, quer como forma, para perseguir nosso fim: como educar sobre os direitos da paisagem. Assim, inicialmente vamos tecer algumas considerações sobre o conceito de espaço, depois de meio ambiente, para em seguida dar mais atenção ao de paisagem.

Convém lembrar que o espaço onde vivemos, nos movimentamos, envelhecemos, acontece em uma história e em uma geografia. É um espaço heterogêneo, pois não habitamos no vazio, mas com cores e nuances de luzes e sombras e muitas vezes de penumbra. Nosso espaço, todavia, é composto de espaços reais e irreais. Estes são as utopias. Os reais, historicamente podem ser desdobrados, sequenciados, seriados, cíclicos, e os geograficamente podem ser justapostos, aderentes, orientados, localizados, contínuos, contíguos. Todos estudiosos concordam que o espaço é fundamental para a vida, juntamente com o tempo. Embora tenha sido sempre dada mais atenção à categoria tempo, em detrimento à de espaço. Em outras palavras, sempre se preocupou mais com a história do que com a geografia. Haja vista com que dedicação e aplicação pesquisadores, filósofos, jornalistas e outros enveredaram pela procura da solução de nossos problemas básicos por meio do materialismo histórico. Ao permanecerem agarrados ao histórico, relegaram o geográfico. Olvidaram que, para se ficar ereto, para melhor vislumbrar um panorama completo e necessário, é preciso de duas pilastras: a história e a geografia, isto é, o tempo e o espaço. Ora, essa busca do tempo geográfico perdido neste fim de século e de milênio é uma tentativa de recuperar o tempo desperdiçado em discussões ideológicas estéreis e inúteis.

Talvez a explicação estivesse na ideia de que o espaço seja reacionário e capitalista e o tempo, revolucionário e socialista. Isso satisfazia outrora essa interpretação do mundo e das pessoas. Porém, hoje, neste pós-modernismo em que o homem e a sociedade defrontam questões cruciais como a condição de vida, em termos de cidadania (superpopulação, produção de alimentos, pobreza, divisão de terras e de povos, enfim, a distribuição equânime das riquezas), as soluções não serão mais encontradas no antagonismo.

Neste umbral de terceiro milênio "tudo que é sólido se desmancha no ar", tudo é acentuado pela volatilidade e efemeridade das modas, dos produtos, das técnicas, dos processos de trabalho, das ideias e das ideologias. Tudo é substituído rapidamente, pois a ênfase é dada aos valores e virtudes da instantaneidade (dos alimentos, das refeições, das amizades), na descartabilidade (dos pratos, embalagens, roupas, carros, máquinas), no acúmulo do lixo de todos os tipos carregados de descartes, na instabilidade (dos empregos, dos casamentos, das religiões).

No pós-modernismo assiste-se ao simulacro, um estado de replica tão próxima da perfeição, na qual a diferença entre o original e a cópia é quase impossível de ser percebida, de ser discriminada. São os "replicantes", os "clones" na ciência, no cinema, na televisão; é a imagem virtual do computador. Mais ainda, é a comunicação por satélites quase no mesmo instante para o mundo todo, apesar de fusos horários diferentes; é o transporte por contêineres e a grafitagem, por fim, o turismo em massa.

Todos visitando todos os lugares, desde a Antártida, a selva Amazônica até a cidade-luz, ou os passeios pela fantasia da Disneylândia. Tudo é acessível a todos, é a "aldeia global" ao alcance, mediante módicas parcelas e prestações. Todos se informando sobre tudo: assistindo à chegada à Lua, a festa da entrega do Oscar, as guerras fraticidas em tribos da África, as negociações de paz feitas pelo secretário-geral da ONU. É o aparecimento de uma nova língua: o cidadês, um híbrido de inglês, japonês e espanhol. Essa língua, deste período pós-moderno, é a linguagem das grandes metrópoles se extravasando para cidades menores, em regiões distantes, afastadas, até isoladas. Vocês já notaram o número considerável de palavras inglesas, oriundas principalmente dos americanos, usadas no linguajar do nosso cotidiano, indicando a avalanche da penetração do anglologismo em nossa língua portuguesa, mal grafadas e mal pronunciadas?

Se há uma crise em relação ao espaço e ao tempo, se fazem necessárias serem criadas novas maneiras de pensar, de sentir, de conhecer, de filosofar, por que não de educar? É o novo homem que está sendo forjado nesse cadinho de fim de uma era, preparando para um renovado renascimento. As artes são precursoras do novo, principalmente as artes plásticas. Desde a metade deste século assiste-se a uma nova forma, uma nova expressão, com novas cores de claros e escuros, com temas do amanhã, voltados para o assunto meio ambiente.

No que concerne ao tema meio ambiente, é necessário precisar sua conceituação. Apesar de ser um vocábulo composto, em certo sentido redundante, espontaneamente tornou-se o mais acertado, o mais abrangente, para significar tudo aquilo que nos rodeia, nos envolve (natural ou construído). A palavra meio ambiente é de origem francesa, *environnement*, muito usada em inglês *environment*, um substantivo, e quando adjetivado é usado o termo ambiental, ou mesmo substantivado como ambientalista, ambientalismo.

Convém não confundir, nem sobrepor ao espaço. A expressão do conceito meio ambiente é moderna e surgiu da necessidade de uma definição que explicitasse a compreensão e a extensão da realidade do ponto de vista da interdependência existente entre o humano e o natural. Enquanto conceito, meio ambiente, não é nem verdadeiro nem falso, nem certo ou errado. Porém, importa distinguir os dados essenciais e os acidentais.

Podem-se apontar como essenciais os elementos básicos constituídos e inerentes ao meio ambiente: água, solo, ar, clima, plantas, animais, rochas e a paisagem. É a presença do homem que caracteriza essencialmente o meio ambiente, imbricado fortemente e dependente da energia solar. Ao considerar o aspecto humano, carreamos toda a história e a geografia do mundo ao conceito de meio ambiente: todas as estruturas urbanas e rurais, todas as organizações sociais, religiosas e culturais. Por ser tão ampla, é imprescindível não se confundir. Daí a necessidade urgente de lançar mão das definições operacionais para estudos mais restritos, mais localizados, mais objetivos, principalmente ao se lidar com seu aspecto educacional.

Em relação aos dados acidentais, podem ser indicados aqueles que dizem respeito aos aspectos estéticos: se o meio ambiente é belo ou feio, se gostamos ou odiamos, se reveste de cores brilhantes ou opacas, verde musgo, azul cobalto, amarelo dourado, vermelho rutilante ou ocre, quando estamos investigando suas mudanças ou os seus problemas, presentes ou futuros.

No entanto, neste texto nossa reflexão está voltada para a paisagem. Assim, nossa suposição é de que a paisagem como um dos constitutivos do meio ambiente enfeixa os diferentes elementos físico, químico, biológico, humano, cultural, urbano, rural, e destacadamente os aspectos cognitivos, perceptivos, éticos e estéticos.

Durante todo o século passado a paisagem ocupou um lugar de destaque nos estudos geográficos, com ênfase no físico, no humano, e em especial no regional. Na metade deste século o estudo das paisagens (no plural) foi relegado quase ao esquecimento, pois então a geografia se dedicava apenas à descrição da paisagem única, sua fisionomia e em certa medida as relações que constituíam o pano de fundo para o palco das ações e movimentos do homem. A partir da década de 1950, com a obra pioneira de Éric Dardel, pode-se considerar o surgimento da Geografia Humanista, e nas décadas seguintes as publicações de livros de uma plêiade de geógrafos franceses, ingleses, americanos, canadenses. Na década de 1960 são lançados os tomos de Tuan, Frémont, Buttimer, Lowenthal; na de 1970, de Bailly, Relph, Guelke, Burton, Rimbert; e na de 1980, de Gould, Saarinen, Collot. Aqui entre nós, no Brasil, já nas décadas de 1970/1980, os trabalhos de Oliveira, Machado, Amorim, Bley aparecem as primeiras publicações sobre paisagem de uma abordagem geográfica humanista. Em geografia as pesquisas estiveram voltadas, principalmente, para a paisagem percebida, com realce às paisagens valorizadas e vividas. No momento, assiste-se a uma mudança de enfoque, dirigindo-se não mais para a percepção geográfica, mas para a cognição, o conhecimento da paisagem, e mesmo até assestada para a ação em relação à paisagem. No entanto, a paisagem é definida em função do ponto de vista de onde ela é observada. Reconhece-se sempre um sujeito ativo observador e um objeto passivo observado, implicando uma escala ligada a um limiar mínimo e um máximo.

Finalmente, mas não em último lugar, temos que levar em conta o processo educacional, para tentarmos fechar o quadro que iniciamos nas primeiras palavras. Aceitamos que a educação é um processo e a educação ambiental é um tipo, um estado de educação, não inteiramente novo, mas que vem se tornando cada vez mais importante, ano a ano.

Outro ponto a considerar é que a educação formal requer vários fatores: tempo disponível (demanda vários anos de escolaridade); profissionais preparados para os diferentes níveis; conteúdo programático e correspondentes metodologias para os diversos campos de saber; financiamento; grandes avanços atingidos pelas ciências da educação; expectativas da sociedade (pais atualmente mais instruídos e consequentemente mais exigentes); revolução ambiental. Para atender a essas reinvindicações modernas e atuais é preciso equipar as escolas com laboratórios, bibliotecas e salas-ambiente. Mais importante, ainda, é dar condições para os professores se atualizarem nos conteúdos e adquirirem técnicas acessíveis e recentes, e talvez a prioridade deva estar dedicada a conhecer os alunos. Ao que se assiste é quase um completo divórcio, senão antagonismo, entre os valores, as atitudes e as percepções de professor e de aluno.

Faz-se necessário esclarecer a questão da didática, o como educar. Todas as considerações anteriores que viemos discutindo encontram-se nessa encruzilhada e nesse nó básico da educação que é a didática, no nosso caso a didática da Geografia. Consideramos um tema que é candente, oportuno e interessante, que transcende as diferenças (geral e regional), as dualidades (físico e humano) e os conflitos (procedimentos e técnicas): que é o estudo da paisagem.

Ao recapitular as nossas colocações sobre espaço e meio ambiente, vamos ficar com o estudo da paisagem, aliás, novamente em voga em geografia, conteúdo tão caro e tão geográfico. Podemos planejar o programa de Geografia amarrado à noção de Paisagem, e nessa abordagem, mediante o direito dessas paisagens.

Qual seria o esquema para uma didática operatória da paisagem? A resposta que propomos é a do construtivismo cognitivo, com base no desenvolvimento moral, definido em três níveis. O primeiro com base na moralidade pré-convencional, que no Estágio 1 a criança está voltada para a punição e obediência; a criança decide o que é errado com base no que foi punido e a obediência é valorizada por sua própria causa, mas obedece porque os adultos detêm o poder. No Estágio 2, em que surge o individualismo, o propósito instrumental é a troca, quando a criança segue as regras relacionadas com seus interesses imediatos; o bom traz resultados agradáveis, assim como o certo, sendo uma troca, um acordo. No segundo nível a moralidade é convencional, aparecendo no Estágio 3 as expectativas mútuas, com relações e conformidade interpessoal: as ações morais são aquelas que levam ao esperado, tornando-se importante o grupo familiar e os pequenos grupos. Enquanto no Estágio 4 despontam a consciência social, a orientação da lei e da ordem, mudando o foco da família para uma sociedade maior, levando a defender as leis até em casos extremos, tudo é bom quando há obrigações que conduzem ao compromisso. Ao passo que no terceiro nível a moralidade é pós-convencional, ou seja, os princípios morais. No Estágio 5, o contato social ou os direitos e a utilidade individual conduz a ação para conseguir "o melhor para a maioria", pois o indivíduo torna-se consciente de que há diferenças de perspectivas e de valores. A construção de leis e de regras deve ser defendida para preservar a ordem social, mas podem ser mudadas. Porém, há valores básicos não relativos, como o direito à vida e à liberdade, que têm que ser defendidos, não importa a que preço. Finalmente, o Estágio 6 é quando o indivíduo atinge os princípios éticos universais, quando o adulto jovem segue princípios éticos escolhidos por si mesmo, na procura do que é certo. Em geral as leis estão conforme esses princípios, e assim devem ser obedecidas; porém, quando houver uma diferença entre a lei e a consciência, quem predomina é a consciência.

Em resumo, quando se trata dos direitos da paisagem, a educação deve estar voltada para a ideia de moralidade, o que inclui as relações entre seres humanos e seres naturais. Os animais e vegetais têm direitos, não devem ser encarados como brinquedos, enfeites ou simplesmente a serviço dos homens. Possuem individualidade e funções específicas, assim como os minerais. No passado, inicialmente, a relação era pré-ética, o homem se preocupava apenas em si mesmo. Ainda, no passado, mais adiante o homem passou a se preocupar com a família, a tribo, a região. No presente a preocupação se estende à nação, ao grupo étnico, aos seres humanos, e principia a pensar em alguns animais. Será só no futuro que a preocupação se dirigirá a todos os animais (domésticos e selvagens), às plantas (cultivadas ou naturais), à vida em geral, para então se olhar para as rochas (montanhas ou planícies), para os ecossistemas, o planeta e a todo o universo.

Precisamos não nos esquecer das palavras do poeta:

*Parece ser que el hombre*
*Atropella el paisage*
*Y ya la carretera que antes tenía cielo*
*Ahora nos agobia*
*Con su empecinamiento comercial*
*Así suele pesar con la belleza*
*Como si no quisiéramos comprarla*
*Y la empaquetan a su gusto y modo...*

(Neruda, 1964, p.284)

# REFERÊNCIAS

AEBLI, H. *Uma didactica fundada en la psicologia de Jean Piaget*. Buenos Aires: Kapelusz, 1958.

AGUIAR, V. T. B. de. *Atlas geográfico escolar*. 1996. Tese (Doutorado em Geografia) – Instituto de Geociências e Ciências Exatas, Universidade Estadual Paulista, Rio Claro.

AMORIM FILHO, O. B. Reflexões sobre as tendências teórico metodológicas da Geografia. *Publicação Especial*, n.2, p.25-7, 1985.

BACHELARD, G. *Epistemologia*. Rio de Janeiro: Zahar Editores, 1983.

BAILLY, A. *La perception de l'espace urbain*. Paris: Centre de Recherche d'Urbanisme, 1977.

BANG, V. et al. *L'épistémologie de l'espace*. Paris: PUF, 1964.

BARROS, M. de. *Meu quintal é maior do que o mundo*. Rio de Janeiro: Objetiva, 2015.

BARROCAS, R. *A (trans)formação do turismo no município de Brotas, SP*: a relação entre o morador e o turista. 2005. Tese (Doutorado em Geografia) – Instituto de Geociências e Ciências Exatas, Universidade Estadual Paulista "Júlio de Mesquita Filho". Rio Claro.

BATTRO, A. M. *El pensamiento de Jean Piaget*. Buenos Aires: Emece, 1971.

BATTRO, A. M. *O pensamento de Jean Piaget*. Rio de Janeiro: Editora Forense Universitária, 1976.

BENADUCE, G. M. C. *Estudo geográfico do processo de erosão em Alegrete, RS*: o areal São João. 1983. Dissertação (Mestrado em Geografia) – Instituto de Geociências e Ciências Exatas, Universidade Estadual Paulista "Júlio de Mesquita Filho". Rio Claro.

BETH, W. E.; MAYS, W.; PIAGET, J. Épistémologie *genetique et recherche psychologique*. Paris: PUF, 1957.

BLAUT, J. M. *Studies in developmental geography*. Report 1, Place Perception Research Reports. Worcester, Massachusetts: Clark University, 1969.

BLEY, L. *Percepção do espaço urbano*: o centro de Curitiba. 1982. Dissertação (Mestrado em Geografia) – Instituto de Geociências e Ciências Exatas, Universidade Estadual Paulista "Júlio de Mesquita Filho". Rio Claro.

______. *Morretes, estudo de paisagem valorizada*. 1990. Tese (Doutorado em Geografia) – Instituto de Geociências e Ciências Exatas, Universidade Estadual Paulista "Júlio de Mesquita Filho". Rio Claro.

BRESSON, F. et al. De l'espace corporel à l'espace ecologique. In: *Symposium de l'association de psychologie scientifique de langue française*. Paris: PUF, 1974.

BURTON, I.; KATES, R.; WHITE, G. F. *The environmental as hazard*. New York: Oxford Unversity Press, 1978.

BUTTIMER, A. Values in geography. *AGG* (Resource Paper n.24), 1974.

CARSON, S. (Ed.) *Environmental education*. London: Edward Arnold, 1978.

CASTRO, C. R. de A. *Patrimônio urbano de Londrina*. 2007. Tese (Doutorado em Geografia) – Instituto de Geociência e Ciências Exatas, Universidade Estadual Paulista "Júlio de Mesquita Filho". Rio Claro.

CAVALCANTE, T. V. *Geografia literária em Rachel de Queiroz*. 2016. Tese (Doutorado em Geografia) – Instituto de Geociência e Ciências Exatas, Universidade Estadual Paulista "Júlio de Mesquita Filho". Rio Claro.

CECCHET, J. M. *Iniciação cognitiva do mapa*. 1982. Dissertação (Mestrado em Geografia) – Instituto de Geociências e Ciências Exatas, Universidade Estadual Paulista "Júlio de Mesquita Filho". Rio Claro.

CHIAPETTI, R. J. *Na beleza do lugar, o rio das Contas indo... ao mar*. Tese (Doutorado em Geografia) – Instituto de Geociências e Ciências Exatas, Universidade Estadual Paulista "Júlio de Mesquita Filho". Rio Claro.

CHRISTOFOLETTI, A. *Perspectivas da geografia*. São Paulo: Difel, 1982.

COIMBRA, J. de A. A. *O outro lado do meio ambiente*. São Paulo: Convênio Cetesb/Ascetesb, 1985.

COLESANTI, M. T. de M. *O ensino de geografia através do livro didático no período de 1890 a 1971*. 1984. Dissertação (Mestrado em Geografia) – Instituto de Geociências e Ciências Exatas, Universidade Estadual Paulista "Júlio de Mesquita Filho". Rio Claro.

______. *Por uma Educação Ambiental*: o Parque do Sabiá em Uberlândia. 1995. Tese (Doutorado em Geografia) – Instituto de Geociência e Ciências Exatas, Universidade Estadual Paulista "Júlio de Mesquita Filho". Rio Claro.

COLLOT, M. Points de vue sur la perception des paysages. *L'Espace Geographique*, v.15, n.3, p.211-17, 1986.

CRUZ, M. T. S. *A Geografia na escola de primeiro grau*: uma proposição teórica sobre a aprendizagem de conceitos espaciais. 1982. Dissertação (Mestrado em Geografia) – Instituto de Geociências e Ciências Exatas, Universidade Estadual Paulista "Júlio de Mesquita Filho". Rio Claro.

DARDEL, E. *L'Homme et la Terre*: nature de la réalité géographique. Paris: PUF, 1952.

DARDEL, E. *O Homem e a Terra*: natureza da realidade geográfica. São Paulo: Perspectiva, 2011.

DEL NERO, H. S. *O sítio da mente*: pensamento, emoção e vontade no cérebro humano. São Paulo: Collegium Cognitio, 1997.

DEL RIO, V.; OLIVEIRA, L. de. (Org.) *Percepção ambiental*: a experiência brasileira. São Paulo: Studio Nobel, 1996.

DEL RIO, V.; OLIVEIRA, L. de. (Org.) *Percepção ambietal*: a experiência brasileira. 2.ed. São Paulo: Studio Nobel, 1999.

DOWNS, R. M. Approaches to, and problems in, the measurement of geographic space perception. In: *Seminar Paper Series A*, n.9. Bristol University, Geography Department, 1967.

_______. The role of perception in modern geography. In: *Seminar Paper Series A*, n.11. Bristol University, Geography Department, 1968.

DUBOS, R. *Um Deus interior*. São Paulo: Melhoramentos; Edusp, 1975.

_______. *Namorando a terra*. São Paulo: Melhoramentos; Edusp, 1981.

FLAVELL, J. H. *The developmental psychology of Jean Piaget*. New York: Van Nostrand Reinholt, 1963.

FORTUNATO, I. *Pateo do Collegio*: um lugar na cidade de São Paulo. 2014. Tese (Doutorado em Geografia) – Instituto de Geociência e Ciências Exatas, Universidade Estadual Paulista "Júlio de Mesquita Filho". Rio Claro.

FRÉMONT, A. *A região, espaço vivido*. Coimbra: Almedina, 1980.

GIBSON, J. *The perception of the visual world*. Boston: Hougton Mifflin Co., 1950.

GOES, L. E. L. *O ensino/aprendizagem das noções de latitude e longitude no primeiro grau*. 1982. Dissertação (Mestrado em Geografia) – Instituto de Geociências e Ciências Exatas, Universidade Estadual Paulista "Júlio de Mesquita Filho". Rio Claro.

GONÇALVES, T. R. *O lugar-samba no Bixiga*: memória e identidade. 2014. Dissertação (Mestrado em Geografia) – Instituto de Geociências e Ciências Exatas, Universidade Estadual Paulista "Júlio de Mesquita Filho". Rio Claro.

GRATÃO, L. H. Sabor e paisagem – o que revela o pequi nesta imbricação de ser e essência cultural. *Geograficidade*, v.4, n. esp., p.4-15, 2014.

GRAU, K. J. *Lógica*. México: Edinal, 1965.

GUIMARÃES, S. T. de L. *Paisagens & ciganos*. 1996. Tese (Doutorado em Geografia) – Instituto de Geociências e Ciências Exatas, Universidade Estadual Paulista "Júlio de Mesquita Filho". Rio Claro.

HARTSHORNE, R. The nature of geography. *Annals of Association of American Geographers*, v.XXIX, n.3 e 4, p.325-50, 1939.

_______. *Perspectives on the nature of Geography*. Chicago: Rand MacNally, 1962.

HARVEY, D. *Condição pós-moderna*. São Paulo: Edições Loyola, 1992.

_______. *Espaços de esperança*. São Paulo: Edições Loyola, 2004.

HESSEN, J. *Teoria del conocimiento*. 3.ed. Buenos Aires: Editorial Losada, 1956.

_______. *Teoria do conhecimento*. Coimbra: Armênio Amado Editora, 1987.

HEWITT, K.; HARE, F. K. Man and environment conceptial frameworks. *Resource Paper*, n.20, Comission on College Geography of the Association of American Geographers, Washington, D. C, 1973.

HIGHET, G. *The art of teaching*. New York: Vintage Books, 1954.

HOLZER, W. *A geografia humanista*: sua trajetória de 1950 a 1990. 1992. Dissertação (Mestrado em Geografia). Instituto de Geociências – Universidade Federal do Rio de Janeiro. Rio de Janeiro.

JOHNSTON, R. J. *Geografia e geógrafos*: a geografia humana anglo-americana desde 1945. São Paulo: Difel, 1986.

KATES, R. *Risk assessment of environmental hazard*. Chichester: Wiley and Sons, 1978.

KOHLSDORF, M. E. *A apreensão da forma da cidade*. Brasília: Editora UnB, 1996.

LA BLACHE, V. de. *Tableau géographique de la France*. Histoire de France. Tomo I, Paris: Hachette, 1905.

LANDIM, P. da C. *Percepção e conservação do patrimônio ambiental urbano*: a cidade de Bauru. 1994. Dissertação (Mestrado em Geografia) – Instituto de Geociências e Ciências Exatas, Universidade Estadual Paulista "Júlio de Mesquita Filho. Rio Claro.

_______. *Desenho de paisagem urbana*. São Paulo: Editora Unesp, 2003.

LIBÓRIO, M. G. C. *Código florestal brasileiro*: um estudo sobre as relações entre sua eficácia e a valorização da paisagem florestal no sudeste paulista. 1994. Tese (Doutorado em Geografia) – Instituto de Geociências e Ciências Exatas, Universidade Estadual Paulista "Júlio de Mesquita Filho". Rio Claro.

LIMA, S. T. *A percepção geográfica da paisagem dos Gerais no* Grande sertão: veredas. 1990. Dissertação (Mestrado em Geografia) – Instituto de

Geociências e Ciências Exatas, Universidade Estadual Paulista "Júlio de Mesquita Filho". Rio Claro.

LORCA, F. G. El Maleficio de la Mariposa (Prólogo). In: *Obras completas*. Madrid: Aguilar, 1960. p.579.

LOWENTHAL, D. Finding valued landscapes. *Progress in Human Geography*, v.2, n.3, p.373-418, 1961.

LYNCH, K. *The image of the city*. Cambridge: MIT Press, 1960.

_______. *A imagem da cidade*. São Paulo: Martins Fontes, 1982.

MACHADO, E. V. (Org.) *280 anos*: Florianópolis revelando a urbanização do lugar, interpretando o mundo hoje. Florianópolis: Colóquio Pedagógico, 2006.

MACHADO, L. M. C. P. *A Serra do Mar paulista*: um estudo de paisagem valorizada. 1988a. Tese (Doutorado em Geografia) – Instituto de Geociências e Ciências Exatas, Universidade Estadual Paulista "Júlio de Mesquita Filho". Rio Claro.

_______. O estudo da paisagem: uma abordagem perceptiva. *Revista de Geografia e Ensino*, n.8, p.37-45, 1988b.

MARANDOLA, J. de A. M. e S. *Caminhos de morte e de vida*: o rio severino de João Cabral de Melo Neto. 2007. Dissertação (Mestrado em Geografia) – Instituto de Geociências e Ciências Exatas, Universidade Estadual Paulista "Júlio de Mesquita Filho". Rio Claro.

MARANDOLA, H. L. *O bairro rural Elihu Root e suas paisagens*. 2017. Dissertação (Mestrado em Geografia) – Instituto de Geociências e Ciências Exatas, Universidade Estadual Paulista "Júlio de Mesquita Filho". Rio Claro.

MARANDOLA JUNIOR, E. J. Humanismo e abordagem cultural em geografia. *Geografia*, Rio Claro, v.30, n.3, p.393-419, set./dez. 2005.

MEINING, D. (Ed.) *The interpretation of ordinary lasdscapes*. New York: Oxford University Press, 1979.

MELO, I. B. N. de. *Proposição de uma cartografia escolar no ensino superior*. 2007. Tese (Doutorado em Geografia) – Instituto de Geociências e Ciências Exatas, Universidade Estadual Paulista "Júlio de Mesquita Filho". Rio Claro.

NASH, R. F. *The rights of nature*. Madison: The University of Wisconsin Press, 1988.

NERUDA, P. *Memorial de Isla Negra*, La verdad. S. l.: Editorial Losada, 1964. p.284.

NETTO, M. M. *A geografia do queijo minas artesanal*. 2011. Tese (Doutorado em Geografia) – Instituto de Geociência e Ciências Exatas, Universidade Estadual Paulista "Júlio de Mesquita Filho". Rio Claro.

OLIVEIRA, L. de. *Contribuição ao ensino da geografia*. 1967. Tese (Doutorado) –. Faculdade de Filosofia Ciências e Letras; Rio Claro, 1967.

______. O conceito geográfico do espaço. *Boletim de Geografia Teorética*, n.4, p.1-13, 1972.

______. Contribuição dos estudos cognitivos à percepção geográfica. *Geografia*, v.2, n.3, p.61-72, 1977a.

______. *Estudo metodológico e cognitivo do mapa*. 1977b. Tese (Livre-Docência) – Instituto de Geociências e Ciências Exatas, Universidade Estadual Paulista "Júlio de Mesquita Filho". Rio Claro.

______. *Estudo metodológico e cognitivo do mapa*. São Paulo: USP, Instituto de Geografia, 1978.

______. Que é Geografia. *Sociedade & Natureza*, Uberlândia, ano 11, n.21 e 22, p.89-95, jan./dez. 1999.

______. Percepção da paisagem geográfica: Piaget, Gibson e Tuan. *Geografia*, Rio Claro, v.25, n.2, p.5-22, ago. 2000.

______. Sertão rosiano: percepção, cognição e afetividade geográfica. *Scripta*, Belo Horizonte, v.5, n.10, p.234-42, 1° sem. 2002.

______. Uma leitura geográfica da epistemologia do espaço segundo Piaget. In: VITTE, A. C. (Org.) *Contribuições à história e à epistemologia da Geografia*. Rio de Janeiro: Bertrand Brasil, 2006. p.163-88.

______. Percepção ambiental. In: SANTOS, D. G. dos; NUCCI, J. C. C. M. (Org.) *Paisagens geográficas*. Campo Mourão: Editora da FECILCAM, 2009. p.149-62.

______. O duende de Granada: visão telúrica e geográfica do lirismo dramático de Garcia Lorca. In: MARANDOLA JUNIOR. E.; GRATÃO, L. H. B. (Org.) *Geografia e Literatura*: ensaios sobre geograficidade, poética e imaginação. Londrina: Eduel, 2010. p.19-78.

OLIVEIRA, L. de; MACHADO, L. M. C. P. Como adolescentes percebem geograficamente relações espaciais topológicas e euclidianas através de pré-mapas. *Boletim de Geografia Teorética*, v.5, n.9 e 10, p.33-62, 1975.

______. Como adolescentes percebem geograficamente o espaço através de pré-mapas e mapas. *Geografia*, Rio Claro, v.5, n.9 e 10, p.49-66, 1980.

PAZETTI, H. A. *A região do médio Tietê e os primeiros acordes paulistas*: o Cururu. 2014. Dissertação (Mestrado em Geografia) – Instituto de Geociências e Ciências Exatas, Universidade Estadual Paulista "Júlio de Mesquita Filho". Rio Claro.

PIAGET, J. *La représentation de l'espace chez l'enfant*. Paris: PUF, 1948.

______. *Les mécanismes perceptifs*. Paris: PUF, 1961.

______. *The construction of reality in the child*. New York: Ballatine Books, 1971.

______. *A epistemologia genética*. Petrópolis: Vozes, 1972.

______. *Seis estudos de psicologia*. Rio de Janeiro: Forense Universitária, 1973.

______. *Psicologia e epistemologia*. Petrópolis: Vozes, 1973.

_______. *O juízo moral na criança*. São Paulo: Summus, 1994.

PIAGET, J.; INHELDER, B. *L'image mentale chez l'enfant*. Paris: PUF, 1966.

_______. *A representação do espaço na criança*. Porto Alegre: Artes Médicas, 1993.

POCOCK, D. C. D. The nature of environmental perception. *Occasional Publications* (New Series), n.4, Department of Geography, University of Durham, 1974.

_______. Geography and literature. *Progress in Human Geography*, v.12, n.1, p.87-102, 1988.

PUGA, D. *Controle de plantas daninhas no algodão*: um estudo de percepção do meio ambiente. 1982. Dissertação (Mestrado em Geografia) – Instituto de Geociências e Ciências Exatas, Universidade Estadual Paulista "Júlio de Mesquita Filho"; Rio Claro.

RAFFESTIN, C. Du paysage à l'espace ou les signes de la géographie. *Hérodote*, v.9, p.90-104, 1978.

RELPH, E. *Place and placelessness*. London: Pion, 1976.

ROLSTON III, H. *Environmental ethics*. Philadelphia: Temple Univesity Press, 1984.

SAARINEN, T. *Perception of environment*. Washington: AAG, 1969.

SAINT-EXUPÉRY, A. de. *O pequeno príncipe*. São Paulo: Agir, 1960.

SALCEDO, R. F. B. *O espaço urbano do centro histórico de Cusco (Peru)*. 1995. Dissertação (Mestrado em Geografia) – Instituto de Geociências e Ciências Exatas, Universidade Estadual Paulista "Júlio de Mesquita Filho". Rio Claro.

SANTOS, M. *Pensando o espaço do homem*. 5.ed. São Paulo: Edusp, 2004.

SELLTIZ, C. et al. *Métodos de pesquisas nas relações sociais*. São Paulo: EPU, 1974.

SOJA, E. W. *Post-modern geographies*. New York: Verso, 1990.

SOTCHAVA, V. B. *O Estudo de geossistemas, métodos em questão*. São Paulo: Universidade de São Paulo, 1977.

STEA, D. (Ed.) Working Papers in Place Perception, Report 2, *Place Perception Research Reports*, Clark University, Worcester, Massachusetts, 1969.

STEA, D.; BLAUT, J. M. Place learning. Report n.4, *Place Perception Research Reports*. Clark University, Worcester, Massachusetts, 1969.

TAIT, E. J. The perception of pests and pesticides in integrated pest management. *Working Paper Series*, n.7, MAB, 13, Unesco, 1979.

TANNER, T. R. *Educação ambiental*. São Paulo: Summus, 1978.

TUAN, Y. *Topofilia*: um estudo da percepção, atitudes e valores do meio ambiente. São Paulo: Difel, 1980.

_______. *Espaço e lugar*: a perspectiva da experiência. São Paulo: Difel, 1983.

_______. *The good life*. Madison: The University of Wisconsin Press, 1986.

______. *Paisagens do medo*. São Paulo: Editora Unesp, 2005.

TULIPE, O. *Méthodologie de la geographie*. Liége: Sciences et Lettes, 1954.

UNESCO. *Source book for geography teaching*. London: Longmans/Unesco, 1965.

______. *Programme on man and biosphere*. Expert Panel on Projet 13: Perception of Environment Quality, Final Report. Paris, 1973.

VIEIRA, M. L. *Imagem turística de Itanhaém, litoral sul paulista*. 1997. Tese (Doutorado em Geografia) – Instituto de Geociências e Ciências Exatas, Universidade Estadual Paulista "Júlio de Mesquita Filho". Rio Claro.

VUYK, R. *Panorámica y crítica de la epistemologia genética de Piaget – 1965-1980*, II. Madrid: Alianza Universidad, 1985.

WANDERLEY, V. M. de A. *A Pedra do Reino*: sertão vivido de Ariano Suassuna. 1997. Tese (Doutorado em Geografia) – Instituto de Geociência e Ciências Exatas, Universidade Estadual Paulista "Júlio de Mesquita Filho". Rio Claro.

WANDERLEY, V; MENEZES, E. *Viagem ao sertão brasileiro*: leitura geo-sócio-antropológica de Ariano Suassuna, Euclides da Cunha, Guimarães Rosa. Recife: Cepe/Fundarpe, 1997.

WARD, B.; DUBOS, R. *Uma terra somente*. São Paulo: Melhoramentos; Edusp, 1973.

WHITE, R. The measurement of spatial perception. *Seminar Paper Series A*, n.8. Bristol University, Geography Department, 1967.

WHYTE, A. V. T. *Guidelines for filds studies in environmental perception*. MAB/Technical Notes, 5. Paris: Unesco, 1977.

WOOLDRIDGE, S. W. *The spirit and purpose of Geography*. London: Hutchinson's University, 1956.

XAVIER, H. *A observação da paisagem do mundo e do campo visual geográfico*. 1990. Dissertação (Mestrado em Geografia) – Instituto de Geociências e Ciências Exatas, Universidade Estadual Paulista "Júlio de Mesquita Filho". Rio Claro.

______. *Percepção geográfica dos deslizamentos de encostas em áreas de risco no município de Belo Horizonte, MG*. 1996. Tese (Doutorado em Geografia) – Instituto de Geociências, Universidade Estadual Paulista "Júlio de Mesquita Filho". Rio Claro.

ZUBE, E. *Landscapes* – Select Writings of J. B. Jackson. Amhest, University of Massachussets Press, 1970.

SOBRE O LIVRO

| | |
|---|---|
| *Formato* | 14 x 21 cm |
| *Mancha* | 23,7 x 41,6 paicas |
| *Tipologia* | Sabon 11/14 |
| *Papel* | Off-set 90 g/m² (miolo) |
| | Cartão Supremo 250 g/m² (capa) |
| *1ª Edição* | Cultura Acadêmica 2017 |

EQUIPE DE REALIZAÇÃO

*Coordenação Geral*
Marcos Keith Takahashi

*Edição de texto*
Nelson Barbosa

*Projeto gráfico e capa*
Grão Editorial

*Editoração eletrônica*
Sergio Gzeschnik

Impressão e acabamento

psi7 | book7